新型职业农民科技培训教材

科学养猪
实用新技术

赵丰清　张立元　温建军　主编

中国农业科学技术出版社

图书在版编目（CIP）数据

科学养猪实用新技术 / 赵丰清，张立元，温建军
主编. —北京：中国农业科学技术出版社，2014. 7
　ISBN　978-7-5116-1728-6

　Ⅰ. ①科… Ⅱ. ①赵… ②张… ③温… Ⅲ. ①养猪学
Ⅳ. ①S828

中国版本图书馆 CIP 数据核字（2014）第 138177 号

责任编辑　崔改泵
责任校对　贾晓红

出　版　者　中国农业科学技术出版社
　　　　　　北京市中关村南大街 12 号　邮编：100081
电　　话　（010）82106624（发行部）（010）82109194（编辑室）
传　　真　（010）82106624
网　　址　http：//www.castp.cn
经　销　者　各地新华书店
印　刷　者　北京富泰印刷有限责任公司
开　　本　850mm×1 168mm　1/32
印　　张　5. 375
字　　数　120 千字
版　　次　2014 年 7 月第 1 版　2015 年 7 月第 3 次印刷
定　　价　18. 00 元

《科学养猪实用新技术》
编委会

目　　录

第一章　现代畜牧业与畜禽养殖标准化

第一节　现代畜牧业及现代畜禽养殖方式的特征

一、现代畜牧业的内涵

畜牧业是从事动物饲养、繁殖和动物产品的生产、加工、流通的产业。它上联种植业，下联加工业，横向牵动医药、食品、包装、物流等行业，是典型的劳动密集型产业和现代农业的支柱性行业，是农村富余劳动力转移的最佳承载产业。发展畜牧业，对保持物价稳定、抑制通货膨胀，同时对优化农业结构、推进农业增效和农民增收，都具有重要意义。

我国畜牧业历史悠久，是世界上畜牧业起源最早的国家之一。我们的祖先培育了数百种优良畜禽品种，在畜禽饲养管理、品种鉴定及农牧结合等方面积累了丰富的经验，历史上，我国的针灸、阉割、蹄铁、选种等技术成就曾经居于世界领先地位。但由于近代以来，封建统治阶级和帝国主义的压迫、掠夺，到新中国成立以前，畜牧业发展已经大大落后于世界发达国家。新中国成立以来，特别是改革开放以来，畜牧业和畜牧生产技术取得了长足发展。但是从总体上看，当前我国畜牧业还处于传统畜牧业向现代畜牧业转型的过渡阶段。

从世界各国现代农业发展规律来看，在种植业发展到一定阶段以后，大力发展产业关联度更高、比较效益更大的畜牧业，并形成从养殖场到餐桌的畜牧业经济体系，这是许多发达国家现代农业发展的成功之道。发达国家畜牧业产值已经占到农业总产值的50%以上，欧洲和北美一些国家甚至达到了60%～70%。随着我国人民生活质量和水平的提高，对畜产品的需求越来越大，迫切需要把畜牧业建设成为一个大产业。

现代畜牧业是指在传统畜牧业基础上发展起来的，立足于国内外先进的畜牧兽医科技和现代经营管理经验，在完善的基础设施和现代工业装备的保障下，以有效的营销网络和健全的法制管理体系为支撑，生产方式、养殖技术、生产手段和生产组织向当今世界先进水平靠拢的资源节约、环境友好、产品质量安全可控的高效产业。它应该理解为一个历史性的概念，包括两方面含义：一方面，它是指畜牧业生产力发展到一定的历史阶段才出现的，就是说它是在现代科学和现代工业技术应用于畜牧业之后才出现的，它要符合其所在国家地域、所属历史阶段的客观实际，既不应该因循守旧，也不能一味的"贪大求洋"；另一方面，是指现代畜牧业不是静止的，而是在继承和创新中不断发展变化的，随着科学技术的进步和生产力的发展，其内容和标准将会发生一定的变化。随着时间的推移和社会的进步，现代畜牧业的内涵还会不断地扩大。

畜牧业的现代化的过程就是用现代工业装备畜牧业、用现代科学技术改造畜牧业，用现代科学文化知识提高从业者素质，从而使畜牧业逐步发展成为劳动生产率、资源

利用率、运行质量和效益较高，可持续发展的强势产业。

二、现代畜牧业养殖方式的特征及解读

（一）现代畜牧业的基本特征

布局区域化、养殖规模化、经营产业化、生产标准化、分工专业化、服务社会化、畜禽品种优良化、防疫制度化。

1. 布局区域化

按照区域比较优势的原则，设立专业化区域并依此进行资源要素配置，统筹考虑养殖产业的空间布局和功能配套，科学划定养殖生产适养区、限养区和禁养区，形成区域性支柱产业。

2. 养殖规模化

以畜禽饲养量、产出能力达到一定规模的养殖场为生产主体的生产形式。其优势在于采用先进技术，合理安排畜群周转、有效完善防疫条件、推进标准化生产、科学处理畜禽养殖粪污，可有效提高生产效率、降低生产成本和生产风险，提高资金、土地利用率。

3. 经营产业化

以市场为导向，以经济效益为中心，以科技为动力，以龙头企业为载体，以基地为依托，以农户为基础，以社会化服务为纽带，建立贸工农一体化经营、产加销紧密结合的龙型经济体系，围绕某一主导产业和产品，实行区域化布局、专业化生产、社会化服务、企业化管理的生产模式。

4. 生产标准化

畜禽标准化生产，指以生产无公害、绿色、有机畜禽

产品为目标，在规模养殖场场址布局、栏舍建设、生产设施配备、良种选择、投入品使用、卫生防疫、粪污处理等方面严格执行法律法规和相关标准的规定，并按程序组织生产的过程。

5. 分工专业化

直接参与养殖生产、服务、加工、流通各环节的全部经济活动由相对分立的专门化机构分工负责、协作完成。

6. 服务社会化

以健全的产业化服务体系为依托，为产业体系的各个组成部分、产前产中产后各环节，提供信息、技术、经营、管理等方面的全程服务。

7. 畜禽品种优良化

以完善的畜禽良种繁育体系为支撑，选用遗传基因优良、系谱来源清楚、检疫合格的高产优质高效畜禽良种组织来繁殖、生产，从而提升商品畜禽生产性能，进一步减少资源消耗，提高养殖收益。

8. 防疫制度化

通过完善防疫设施，健全防疫制度，加强动物防疫条件审查，推进动物防疫制度化、网络化，从而有效预防和控制重大动物疫病的发生。

（二）畜牧业现代化进程下的畜禽养殖技术

畜禽养殖技术从属于畜牧学的范畴。畜牧学是指研究家畜育种、繁殖、饲养、管理、防疫灭病，以及草地建设、畜产品加工和畜牧经营管理等相关领域的综合性学科。其内容大体包括基础理论和各论两大部分，前者是以家畜生理、生化、解剖、遗传等学科为基础，研究家畜良种繁育、营养需要、饲养管理和环境卫生等基本原理；后者则在上述学科的基础上，分别研究牛、羊、兔、猪、禽等畜禽的具体饲养技术、饲料生产技术、畜产品深加工与产品开发技术，以及经营管理方法等。我们这里所说的畜禽养殖新技术，是相对于粗放分散养殖方式下的传统饲养技术技能而言，涵盖现代家畜育种繁育技术、饲养管理技术、饲草饲料种植技术、疫病防控技术，以及环境卫生控制技术等。各种畜禽的饲养技术和有关常识，将在本书以后的相关章节中分别介绍。

第二节　畜牧标准化与"三品"认证简介

一、畜牧标准化

畜牧标准化，通俗的理解就是从养殖生产到产品加工的各环节严格按标准规范组织生产。畜牧业标准化的内涵，主要概括为以下几个方面内容：一是养殖设施与环境标准化。现代畜牧业工程的主要内容是养殖设施与环境控制的标准化改革。二是执行标准化生产管理规程。主要围绕生产无公害（或绿色、有机）畜产品而建立的生产标准、饲养标准、防疫程序标准、畜产品质量标准及企业经营管理体系。三是无公害（或绿色、有机）畜产品产地认定和产品认证的工作机构和质量安全监管机制。四是畜禽产品质量检验监测体系。畜牧业标准化是提高畜产品质量安全水平的重要手段和治本之策。

二、"三品"认证简介

（一）绿色食品、有机食品和无公害农产品的概念

绿色食品是指遵循可持续发展原则，按照特定生产方式生产，经专门机构认定，许可使用绿色食品标志商标的无污染的安全、优质、营养类食品。绿色食品分 A 级、AA级，通常说的绿色食品一般指 A 级产品，AA 级绿色食品等同于有机食品。

有机食品一词是从英文 organic food 直译过来的，其他语言中也有叫生态或生物食品等。有机食品指来自有机农业生产体系，根据有机农业生产要求和相应标准生产加工，并且通过合法的、独立的有机食品认证机构认证的农副产品及其加工品。

无公害农产品是指产地环境、生产过程、产品质量符合国家有关标准和规范的要求，经认证合格获得认证证书并允许使用无公害农产品标志的未经加工或初加工的食用农产品。

（二）绿色食品、有机食品和无公害农产品三者之间的关系

无公害农产品、绿色食品、有机食品都是经质量认证的安全农产品。无公害农产品是绿色食品和有机食品发展的基础，绿色食品和有机食品是在无公害农产品基础上的进一步提高。无公害农产品、绿色食品、有机食品都注重生产过程的管理，无公害农产品和绿色食品侧重对影响产品质量因素的控制，有机食品则侧重对影响环境质量因素的控制。如果把三者的标准化等级比作一个金字塔，无公害农产品居于塔基，绿色食品居中，有机食品为塔尖。三

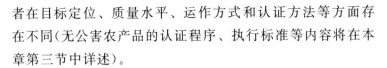

者在目标定位、质量水平、运作方式和认证方法等方面存在不同（无公害农产品的认证程序、执行标准等内容将在本章第三节中详述）。

1. 目标定位

无公害农产品是为了规范农业生产，保障基本安全，满足大众消费；绿色食品是为了提高生产水平，满足更高需求、增强市场竞争力；有机食品则是为了保持良好生态环境，人与自然的和谐共生。

2. 质量水平

无公害农产品达到中国普通农产品质量水平；绿色食品达到发达国家普通食品质量水平；有机食品达到生产国或销售国普通产品质量水平。

3. 运作方式

无公害农产品采取政府运作，公益性认证（属于政府职能部门行政确认的一项），认证标志、程序、产品目录等由政府统一发布，实行产地认定与产品认证相结合；绿色食品采取政府推动、市场运作，注重质量认证与商标使用权转让相结合；有机食品属于社会化的经营性认证行为，因地制宜、市场运作。

4. 认证方法

无公害农产品和绿色食品认证依据相关的国家标准、地方标准、行业标准，强调从土地到餐桌的全过程质量控制；检查检测并重，注重产品质量的管理控制。有机食品实行检查员检查制度；在国外通常只进行检查，在国内一般以检查为主、检测为辅，注重生产方式，要求建立有机农业生产技术支撑体系，并且从常规农业到有机农业通常需要 2～3 年的转换期。

5. 认证机构

无公害农产品认证由农业部农产品质量安全中心负责；绿色食品认证由中国绿色食品发展中心负责；有机食品认证有多家认证机构，农业部门的有机食品认证主要有农业部中绿华夏、五洲恒通有机食品认证中心等。我国企业若想生产有机食品并出口到欧盟、美国和日本及其他国家，应该通过欧盟或美国、日本等国家的有机食品认证机构的分包机构，申报其认可的有机标准认证。

6. 有效期限及换证制度

无公害农产品和绿色食品认证产品有效期同为三年，无公害农产品到期前可按规定程序申请复查换证，绿色食品认证企业应在证书有效期满 5 个月前按照续展认证程序申请续展；有机食品认证证书有效期为一年，企业可依据其相关规定，启动保持认证程序进行续延。

7. 标志

无公害农产品标志图案由麦穗、对勾和"无公害农产品"字样组成，麦穗代表农产品，对勾表示合格，金色寓意成熟丰收，绿色象征环保和安全。绿色食品标志图形由三部分构成，即上方的太阳、正文的叶片和蓓蕾。标志图形为正圆形，意为保护、安全。整个图形表达明媚阳光下的和谐生机，提醒人们保护环境创造自然界新的和谐。

绿色食品标志是中国绿色食品发展中心在国家工商行政管理总局注册的质量证明商标，包括以下四种形式：绿色食品的标志图形、中文"绿色食品"四个字、英文"Greenfood"、中英文与标志图形的组合形式。

有机产品全国统一的产品标志图案由两个同心圆、图案以及中文"中国有机食品"、英文"ORGANIC"组成。内圆表示太阳，其中的既像青菜又像绵羊头的图案泛指自然界的动植物；外圆表示地球；整个图案采用绿色，象征着有机产品是真正无污染、符合健康要求的产品以及有机农业给人类带来了优美、清洁的生态环境。有机食品是指来自于有机农业生产体系，根据国际有机农业生产规范生产加工、并通过独立的有机食品认证机构认证的一切农副产品。不同认证机构的机构标志可与其同时使用。

8. 产品认证范围

无公害农产品包括种植业产品、畜牧业产品和渔业产品在内的农产品及其初加工产品，严格限定在农业部公布的《实施无公害农产品认证的产品目录》内，其中，畜产品62项。

绿色食品范围比较广泛，按国家商标类别划分的第5、第29、第30、第31、第32、第33类中的大多数产品均可申请认证绿色食品，如第29类中的肉、家禽、水产品、奶及奶制品食用油脂等；第31类中的新鲜蔬菜、水果、干果、种子、活生物等。

有机食品，包括粮食、蔬菜、水果、奶制品、畜禽产品、蜂蜜、水产品、调料等。除有机食品外，还有有机化妆品、纺织品、林产品、生物农药、有机肥料等，统称为有机产品。

9. 执行标准

绿色食品标准包括产地环境质量标准、生产资料使用标准、生产过程标准、产品标准、包装和标签标准、贮藏和运输标准以及其他相关标准。目前，绿色食品执行标准是由农业部发布的推荐性行业标准（NY/T），对于绿色食品生产企业来说，是强制性标准，必须严格执行。如绿色食品产地环境技术条件（NY/T 391—2000）、绿色食品产地环境调查、监测与评价导则（NY/T 1054—2006）、绿色食品食品添加剂使用准则（NY/T 392—2000）、绿色食品饲料和饲料添加剂使用准则（NY/T 471—2001）、绿色食品兽药使用准则（NY/T 472—2006）、绿色食品动物卫生准则（NY/T 473—2001）、以及产品质量标准，如畜牧行业中的禽肉（NY/T 753—2003）、蛋与蛋产品（NY/T 754—2003）、肉及肉制品（NY/T 843—2004）、乳制品（NY/T 657—2002）等。

有机食品认证执行标准主要有《有机产品标准》GB/T 19630、《有机食品技术规范》HJ/T 80—2001 等。

第三节　无公害农产品认证

一、无公害农产品概念

（一）无公害农产品的定义及内涵

无公害农产品是指产地环境、生产过程、产品质量符合国家有关标准和规范的要求，经认证合格获得认证证书并允许使用无公害农产品标志的未经加工或只经过初加工的食用农产品。

无公害农产品定位为安全放心农产品，具备农产品上市销售的基本条件。它具有 3 个要件：一是使用安全的投入品；二是按照规定的技术规范生产，产地环境、产品质量符合国家强制性标准；三是食用农产品只有经农业部农产品质量安全中心认证合格，颁发认证证书，并在产品或产品包装上使用全国统一的无公害农产品标志，才能够称之为无公害农产品。

在我国，无公害农产品认证是采取产地认定与产品认证相结合的方式，产地认定是产品认证的基础与前提条件，无公害农产品产地认定是由各省级农业行政主管部门负责实施，无公害农产品认证是由农业部农产品质量安全中心负责实施。

（二）无公害农产品的六个特征

一是在市场定位上，无公害农产品是公共安全品牌，保障基本安全，满足大众消费。

二是在产品结构上，无公害农产品主要是老百姓日常生活离不开的"菜篮子"和"米袋子"等大宗未经加工或初级加工的农产品。

三是在技术制度上，无公害农产品推行"标准化生产、投入品监管、关键点控制、安全性保障"的技术制度。

四是在认证方式上，无公害农产品认证采取产地认定与产品认证相结合的方式，产地认定主要解决产地环境和生产过程中的质量安全控制问题，是产品认证的前提和基础，产品认证主要解决产品安全和市场准入问题。

五是在发展机制上，无公害农产品认证是为保障农产品生产和消费安全而实施的政府质量安全担保制度，属于公益性事业，实行政府推动的发展机制，认证不收费。

六是在标志管理上，无公害农产品标志是由农业部和国家认证认可监督管理委员会联合公告的，依据《无公害农产品标志管理办法》实施全国统一标志管理。

二、认证制度

为确保认证的公平、公正、规范，无公害农产品认证是在一套既符合国家认证认可规则又满足相关法律法规、规章制度、技术标准规范要求的认证制度下进行运作的。

（一）法律依据

（1）国家相关法律法规。包括《中华人民共和国农业法》《中华人民共和国畜牧法》《中华人民共和国农产品质量安全法》《中华人民共和国认证认可条例》等。

（2）"无公害食品行动计划"。2001年4月，农业部组织实施了"无公害食品行动计划"，该计划旨在对农产品实行从"农田到餐桌"全过程质量安全控制，基本实现食用农产品无公害生产，保障消费安全，它是制定无公害农产品认证制度的政策依据，为制定无公害农产品认证制度提供政策导向。

（3）《无公害农产品管理办法》。由农业部和国家质量监督检验检疫总局联合发布的《无公害农产品管理办法》，提出了无公害农产品管理工作由政府推动，并实行产地认定和产品认证的工作模式，明确省级农业（畜牧）行政主管部门负责组织实施本辖区中无公害农产品（畜产品）产地认定工作。

（4）《无公害农产品标志管理办法》。由农业部与国家认证认可监督管理委员会联合发布，规范了无公害农产品标志印制、使用、管理等工作。

（5）《无公害农产品产地认定程序》和《无公害农产品认证程序》。由农业部和国家认证认可监督管理委员会联合颁发，规范产地认定和产品认证工作程序，明确了农业部农产品质量安全中心承担无公害农产品认证工作。

（二）规章制度

（1）《关于进一步规范无公害农产品产地认定和产品认证有关工作的通知》，系统、全面地对工作机构、产地证书、产品申报书的格式、编号、备案管理等提出了规范要求。

（2）《加快推进无公害农产品产地认定和产品认证步伐的实施意见》，提出了"上下一条线、全国一盘棋"的无公害农产品认证工作格局已初步形成，无公害农产品产地认定和产品认证工作进入了一个新的时期，工作重心由认证转换转移到加快正常认证的发展轨道，并全面步入统一规范、简便快捷的发展阶段，并对加快推动产地认定和产品认证工作提出了具体措施。

（3）《无公害农产品认证审查分工调整实施意见》，对无公害农产品认证各环节审查重点与分工作了适当调整，首次确定产品认证申报材料由省级工作机构初审，减少中间环节、简化申报材料、加强沟通等操作意见。

（4）《无公害农产品认证产地环境检测管理办法》，规定了产地检测机构的资质条件和申报委托程序、职责任务、检测程序、检测抽样和检测依据标准，同时还规定了检测报告和环境评价报告格式，进一步明确了农业部农产品质量安全中心和省级产地认定机构对无公害农产品认证产地环境检测机构的监督和管理职责范围。

（5）《无公害农产品定点检测机构管理办法》，对无公害农产品检测机构的选定程序、职责任务、监督管理等工作进行了规范。

（6）《无公害农产品检查员管理办法》和《无公害农产品

检查员注册准则》，规范了无公害农产品认证检查员执业资格、工作行为和注册管理工作。

（7）《实施无公害农产品认证的产品目录》，认证产品目录共有 815 个，其中，种植业产品 546 个，畜牧业产品 65 个，渔业产品 204 个。

（8）现场检查规范。《无公害农产品认证现场检查规范》及细则，规定了现场检查职责分工、工作流程、现场检查程序、检查组成员组成、现场实地检查工作时限、现场检查结论以及后续工作处理要求。

（9）复查换证规范。《无公害农产品产地认定复查换证规范》和《无公害农产品认证复查换证规范》，分别规定了无公害农产品产地认定复查换证和产品认证复查换证规范需要提交的材料以及复查换证程序。

（10）《无公害农产品认证复查换证有关问题的处理意见》，针对农产品认证复查换证中的地方认证向全国统一认证转换产品证书有效期限认定、必检和选检参数确定、《产品检验报告》确认以及与绿色食品、有机农产品的衔接问题作了说明。

（11）《关于印发＜无公害农产品产地认定与产品认证一体化推进实施意见＞的通知》，就推进无公害农产品产地认定与产品认证一体化推进工作提出了具体的实施意见，明确了一体化推进工作的总体思路、实施重点和实施要求。

（12）《无公害农产品标志标识征订说明及使用规定》，针对无公害农产品标志的图案、种类、规格、尺寸、单价、权威性、防伪查询、征订及使用方式、监督检查等内容进行了详细说明。

（13）《关于开展无公害农产品便捷式复查换证工作的通

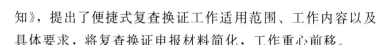

知》,提出了便捷式复查换证工作适用范围、工作内容以及具体要求,将复查换证申报材料简化,工作重心前移。

(14)《无公害农产品内检员管理办法》,规定了无公害农产品内检员的基本要求和职责任务。

(三)无公害食品执行标准

1. 无公害食品标准概述

无公害食品标准是无公害农产品认证的技术依据和基础,是判定无公害农产品的尺度。为了使全国无公害农产品生产和加工按照全国统一的技术标准进行,消除不同标准差异,树立标准一致的无公害农产品形象,农业部组织制定了一系列产品标准以及包括产地环境条件、投入品使用、生产管理技术规范、认证管理技术规范等通则类的无公害食品标准,标准系列号为 NY 5000。

截止到 2009 年 12 月底,农业部共制定无公害食品标准 419 个,现行使用标准 281 个。其中,现行使用的产品标准 125 个,产地环境标准 22 个,投入品使用标准 7 个,生产管理技术规程标准 107 个,认证管理技术规范类标准 11 个,加工技术规程 9 个。

2. 无公害食品标准特点

无公害食品标准体现了"从农田到餐桌"全程质量控制的思想。标准包括产品标准、投入品使用准则、产地环境条件、生产管理技术规范和认证管理技术规范五个方面,贯穿了"从农田到餐桌"全过程所有关键控制环节。

无公害食品标准中的产品标准应用范围广,基本覆盖了包括种植业产品、畜牧业产品和渔业产品在内 90% 的农产品及其初加工产品,为无公害农产品认证和监督检查提供了技术保障。

无公害食品标准注重标准的协调性。与我国有关法律、法规和标准的要求以及国外标准体系制定的原则基本协调一致。兽药、农药残留限量等同采用国家卫生标准、农业行业标准和有关文件。

无公害食品标准具有可操作性。产品标准、投入品使用准则、产地环境条件、生产管理技术规范和认证管理技术规范，促进了无公害农产品生产、检测、认证及监管的科学性和规范化。无公害食品标准是目前使用较广泛的一套标准。

(四)各级工作机构及职能分工

2003年4月，经中央机构编制委员会办公室批准、国家认证认可监督管理委员会批准登记，正式成立农产品质量安全中心。农产品质量安全中心受农业部委托，承担全国无公害农产品认证职能，按照统一标准、统一标志、统一认证、统一管理、统一监督的原则，组织开展全国的无公害农产品认证工作。通过规范工作程序，健全工作机构，逐步形成了相对完善的无公害农产品认证的组织机构。各级机构职责分工如下。

1. 农业部农产品质量安全中心(包括三个分中心)

重点抓好无公害农产品认证工作规划计划、组织协调、审批发证、标志管理、监督检查。其中，畜牧业产品认证分中心受理畜牧业相关产品生产单位和个人提出的认证申请，并组织检查员对认证产品进行形式和文件审查，并出具意见上报中心。

评审委员会：成员由农业部有关方面领导、相关专业的技术专家及质量管理专家等组成。其主要职责是负责制（修）订无公害畜产品认证评审工作原则；审议中心提交的认证报告，做出认证结论。

2. 地方工作机构（包括省级工作机构、地县工作机构）

省级工作机构的工作重点是抓好产地认定、产品检测、认证初审、标志推广、监督抽查；地县两级工作机构的工作重点是抓好宣传动员、组织申报、技术指导、技术培训，具体承担实施现场检查与认证后的日常监督管理。

在省级农业行政主管部门的组织领导下，按照科学、公正、规范的原则，成立省级产地认定委员会，负责无公害农产品产地认定的终审工作，依照无公害农产品产地认定实施细则对产地认定材料全面终审，做出认定结论。

3. 产地环境检测机构

具备产地环境检测资质的第三方检测机构，可承担无公害农产品产地认定中的产地环境检测与评价任务，并及时准确出具产地环境检测报告和产地环境现状评价报告。

4. 无公害农产品检测机构

凡是取得全国无公害农产品定点检测资格的专业检测机构，都可以承担申报产品的抽样、检验和年度抽检任务，定点监测机构要依照法律、法规、无公害农产品标准及有关规定，客观、公正地出具检验报告。

三、认证流程

（1）申请人备齐相关申请材料后，向所在县级工作机构提出产地认定与产品认证申请。

（2）县级工作机构自收到申请之日起10个工作日内，

负责完成对申请人申请材料的形式审查。符合要求的，在《无公害农产品产地认定与产品认证报告》签署推荐意见，连同申请材料报送地级工作机构审查。不符合要求的，书面通知申请人整改、补充材料。

（3）地级工作机构自收到申请材料、县级工作机构推荐意见后，要及时对全套申请材料进行符合性审查，符合要求的，在《认证报告》上签署审查意见，报送省级工作机构。不符合要求的，书面告知县级工作机构通知申请人整改、补充材料。

（4）省级工作机构自收到申请材料及县、地两级工作机构推荐、审查意见后，应当尽快组织或者委托地县两级有资质的检查员按照《无公害农产品认证现场检查工作程序》进行现场检查，完成对整个认证申请的初审，并在《认证报告》上提出初审意见。通过初审的，报请省级农业行政主管部门颁发《无公害农产品产地认定证书》，同时将申请材料、《认证报告》和《无公害农产品产地认定与产品认证现场检查报告》及时报送部直各业务对口分中心复审。未通过初审的，书面告知地县级工作机构通知申请人整改、补充材料。

（5）农业部专业分中心自收到申请材料及县、地、省三级工作机构推荐、审查意见之日起，20个工作日内完成对产品认证申请的复审，并在《认证报告》上提出复审意见。通过复审的，将申请材料、《认证报告》和《无公害农产品产地认定与产品认证现场检查报告》及时报送部中心。未通过复审的，书面告之省级工作机构通知申请人整改、补充材料。

（6）部中心自收到申请材料及县、地、省、分中心四级推荐、审查意见之日起20个工作日内，组织召开认证评审

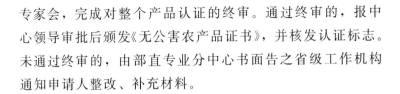

专家会，完成对整个产品认证的终审。通过终审的，报中心领导审批后颁发《无公害农产品证书》，并核发认证标志。未通过终审的，由部直专业分中心书面告之省级工作机构通知申请人整改、补充材料。

四、认证要求

（一）产地环境与生产过程要求

1. 产地环境要求

农产品生产与产地环境密切相关，良好的产地环境是无公害农产品生产的先决条件和基本保证。产地的合理选择是防止农产品污染，切断环境中有毒有害物质进入食物链的关键措施。生产无公害农产品必须按照农业可持续发展的理念，对产地环境条件进行特别的规定和限制，从而建立起农产品安全生产保证体系。

无公害农产品产地是建立在环境检测和环境质量现状评价的基础上，应达到相关无公害食品标准对产地环境的要求。主要对产地环境构成污染的是大气、水体与土壤。无公害农产品产地应选择在具有良好农业生态环境的区域，达到空气清新、水质清净、土壤未受污染。周围及水源上游或上风方向一定范围内应没有对产地环境可能造成污染的污染源，尽量避开工业区和交通要道，并要与交通要道保持一定的距离，以防止农业环境遭受工业"三废"、农业废弃物、医疗废弃物、城市垃圾和生活污水等的污染。产地生产两种以上农产品且分别申报无公害农产品产地的，其产地环境条件应同时符合相应的无公害农产品产地环境条件要求。

2. 产地规模要求

无公害农产品产地应区域明确，相对集中连片，产品相对稳定，并具有一定规模。各省可依据当地的自然条件、生产组织程度以及生产技术条件实际情况自行核定基地规模。自然条件好、生产组织程度高、生产技术条件好的地区，可适当扩大规模。

3. 生产过程要求

(1)管理制度上，应有能满足无公害农产品生产的组织管理机构和相应的技术、管理人员，并建立无公害农产品生产管理制度，明确岗位、职责。

(2)生产规程，生产过程控制应参照无公害食品相应标准，并结合本产地生产特点，制定详细的无公害农产品生产质量控制措施和生产操作细则，产地生产质量控制措施包括组织措施、技术措施、自控措施、产地环境保护措施等。

(3)农业投入品使用，按无公害农产品生产技术规程(规范、准则)要求使用农业投入品(农药、兽药、肥料、饲料、饲料添加剂、生物制剂等)。实施农(兽)药停(休)药期制度。严禁使用国家禁用、淘汰的农业投入品。

(4)动植物病虫害监测，无公害农产品产地应定期开展动植物病虫害监测，并建立动植物病虫害监测报告档案。畜牧业产地按《中华人民共和国动物防疫法》要求实施动物疫病免疫程序和消毒制度等。

(5)生产记录档案，应按照无公害农产品生产技术规程要求组织生产，对生产过程及主要措施建立生产记录。应建立农业投入品使用记录，内容包括使用方式、时间、浓

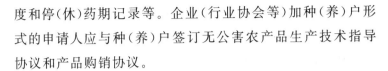

度和停(休)药期记录等。企业(行业协会等)加种(养)户形式的申请人应与种(养)户签订无公害农产品生产技术指导协议和产品购销协议。

(二)申报材料要求(简介)

申请无公害农产品认证的单位或个人必须按农业部农产品质量安全中规定的统一格式填写《无公害农产品产地认定与产品认证申请书》(第二版)和相应的证明性材料。其中,申请书正式文本可以向农业部农产品质量安全中心申领,也可以从该中心主办的中国农产品质量安全网网站(http://www.aqsc.gov.cn)上下载。《申请书》的编制是保证无公害农产品认证工作顺利开展的关键环节,申请人应认真填写。其他证明性材料也是无公害农产品认证的重要依据,申请人应按照统一要求、本着全面、准确的原则,认真组织编制。

申请人可以根据自己申请的产品类型和申报类型,按要求组织申报材料通过县级工作机构逐级上报的地级工作机构、省级工作机构、畜牧业分中心、中心。同一申请人、同一产品类型的申报产品可以通过一套申请材料完成无公害农产品认证。

1. 首次申报材料要求

(1)《无公害农产品产地认定与产品认证申请书》。

(2)国家法律法规规定申请者必须具备的资质证明文件(复印件)。

(3)无公害农产品生产质量控制措施。

(4)无公害农产品生产操作规程。

(5)符合规定要求的《产地环境检验报告》和《产地环境现状评价报告》或者符合无公害农产品产地要求的《产地环境调查报告》。

(6)符合规定要求的《产品检验报告》。

(7)规定提交的其他相应材料。

2. 扩项认证材料要求

扩项认证是指申请人已经进行过产地认定和产品认证，由于生产上的调整，要在该产地上增加或变更养殖产品，对增加或变更的养殖产品进行无公害农产品认证为扩项认证申请。这种申报类型的申报材料要求具体如下。

(1)《无公害农产品产地认定与产品认证申请书》。

(2)无公害农产品生产操作规程。

(3)《无公害农产品产地认定证书》。

(4)《产品检验报告》。

(5)其他相应材料

3. 复查换证材料要求

复查换证认证申请是指已获得无公害农产品认证证书的申请人在证书有效期满，按照规定时限和要求提出重新取证申请，经确认合格准予换发新的无公害农产品证书的过程。

(1)复查换证认证申请的材料要求具体如下：①《无公害农产品产地认定与产品复查换证申请书》；②原《无公害农产品产地认定证书》复印件；③原《无公害农产品证书》复印件；④《产品检验报告》；⑤其他相应材料。

(2)便捷式复查换证申请的材料要求。便捷式复查换证只适用于证书有效期内产品质量稳定、从未出现过质量安全事故的获证无公害农产品。符合便捷式复查换证要求的无公害农产品在申请换证时只需要提交以下 2 份材料，除此之外产品的复查换证仍按照上款要求提供材料：①复查换证申请人已经核对确认产品信息的《无公害农产品复查换证信息登录表》；②《无公害农产品产地认定与产品认证复查换证申请和审查报告》。

4. 申报材料应该注意的问题

(1)认证申报材料要保持一致性。各份材料之间的逻辑关系、对应关系等要保持一致，如申报产品与产地的"产品名称"要保持一致。认证产品生产规模要前后一致，而且要注意申请认证的产品生产规模要在申请认定的产地范围之内，产量不要超出产地规模的最大产出量，即实际生产规模应小于或等于产地认定规模。

(2)认证申报材料要注意完整性。①投入品填写(包括申请书表中填报的、生产操作规程中规定使用的)要有详细信息，即包括商品名，通用名、化学成分、生产厂家和批准文号等详细信息。此外，申报要求的材料不要漏报，如营业执照复印件、注册商标证复印件等。②投入品的填写要符合生产产品的实际情况。③质量控制措施和生产操作规程内容不要过于原则，要具可操作性。

(3)检测报告格式要规范：《产品检验报告》封面及检验结论要有"检验报告专用章"或检验单位公章；《产品检验报告》不要涂改；《产品检验报告》要有制表、审核、批准人签章(手签)；产品检测要抽样检测，不要送样检测，且要求附检测机构基地采样原始记录复印件；申报企业生产、经营同一商标名称的同一种产品，若产地不在同一区域内，应分别提交各区域产品的检验报告；同一基地混养的几种产品均申报无公害农产品认证时，应分别提交每种产品的检验报告；产品检验应按产品所对应的无公害食品行业标准所要求的项目进行检验。且检测报告要由农业部农产品质量安全中心委托的检测机构依据标准抽样形式检测出具的产品检验报告原件或复印件加盖公章。

五、畜禽养殖员了解掌握无公害畜产品产地认定

畜禽养殖员了解掌握无公害畜产品产地认定、产品认证有关要求的意义，一方面，无公害畜产品产地认定、产品认证是政府对农产品质量安全进行的行政担保行为，具有权威性和可追溯性；而且无公害农产品将是实行市场准入制度的基本条件和起码要求，未来不排除由目前的自愿性认证转变为强制性认证的可能。畜产品产地认定、产品认证已经成为强化畜产品质量安全监督管理、提升农产品质量安全水平的重要手段，具有广阔的发展空间。

从另一方面讲，对于广大畜禽养殖员来说，既是畜禽养殖场的一线生产者，又是最直接的环境控制员和投入品使用者，饲养管理操作越规范、越合理，养殖场的环境控制和生产质量控制水平越有保证。因此，养殖员要尽可能多的熟知或了解本行业无公害畜产品的生产要求，达到"知其然而且知其所以然"，潜移默化中形成一种自觉的职业操守，如果都能做到这一点，那么，对畜产品生产管理者和消费者来说，无疑都是一种福音。

第四节　规模养殖场基本制度（示例）

一、总体要求

（1）办公室。各种制度制作标牌上墙。

（2）场门口。动物防疫监督机构驻场监督职责标牌。

（3）生产操作规程实施要求。规模养殖场要制定适合本企业有操作性、实用的生产技术操作规程，并装订成册。

（4）生产记录要求。规模养殖场要有规范的档案记录，包括：兽药购进记录、兽药使用记录、生产销售记录、畜禽防疫记录，无害化处理记录，饲料购进记录、饲料使用记录、消毒记录。

（5）养殖场的硬件要求。人员消毒室、车辆消毒池、兽医室、生活区生产区隔离，净污道分离。

（6）规模养殖场禁用兽药。克伦特罗、沙丁胺醇、西马特罗及其盐、酯制剂，己烯雌酚及其盐、酯制剂，氯霉素等。

二、动物防疫监督承诺书（示例）

为预防、控制动物疫病，维护公共卫生安全，促进养殖业发展，确保为社会提供优质、安全的动物，本场（小区）郑重承诺：

（1）认真遵守《中华人民共和国动物防疫法》及相关法律法规，认真履行防疫责任，做到依法养殖、规范养殖、健康养殖，保证出场动物健康无疫病。

（2）饲养场布局、圈舍等饲养条件达到国家规定的动物防疫要求，依法申请办理《动物防疫条件合格证》。

（3）按照规定做好程序化强制免疫工作，免疫率常年保持100％，规范做好免疫记录，及时、准确填写各种登记、记录、免疫证明，饲养的猪、牛、羊全面佩带免疫标识；认真配合有关部门做好免疫效果监测，免疫抗体合格率达到70％以上。（猪免疫病种有口蹄疫、高致病性猪蓝耳病、猪瘟等；牛羊免疫病种有口蹄疫、布病等；禽类免疫病种有高致病性禽流感、新城疫等。）

（4）建立养殖档案，明确专人翔实记录生产、管理、消毒、无害化处理、投入品购入和使用等记录，做到记录及时准确。

（5）设立驻场监督办公室，健全规章制度并全部上墙，严格兽药、饲料等投入品出入库登记管理，并做好记录，不使用违禁兽药、添加剂，严格落实停药期制度。

（6）跨省市引进乳用、种用动物及其精液、胚胎、种蛋时，提前向动物卫生监督机构申报，待审核批准后，持批准手续引进。引进后两日内向动物卫生监督机构报检，并隔离饲养15～30天，确认健康后，再投入使用。

（7）动物出栏前，提前3天向动物卫生监督机构申报检疫，并接受检疫监督，经检疫合格，取得检疫证明后出场。

（8）发现病死或不明原因死亡动物，不宰杀、不食用、不出售、不转运，及时报告动物卫生监督机构，在监督下严格进行无害化处理。

（9）建立消毒制度，定期对饲养环境、用具、圈舍进行消毒，对粪便、污水、污物进行无害化处理。

（10）加强饲养管理人员培训，提高科学饲养管理水平，认真落实封闭饲养措施，严格场区及周边安全管理，杜绝人为安全事件发生。

(11)接受动物卫生监督机构、动物疫病预防控制机构的监督、检查、管理，承担违法行为的法律责任。

我场(小区)将认真履行以上承诺，接受社会各界监督。

规模动物养殖场负责人：

(签字或盖章)

第五节　生猪标准化规模养殖综合技术

1. 技术概述

养猪生产从千家万户的分散饲养，到标准化的规模养殖，是饲养方式的一场变革，是建设现代养猪业的不二选择，是解决生猪健康高效生产、粪污无害化处理与资源化利用、农民增收节支和生猪安全稳定供应的有效途径。生猪标准化规模养殖技术以国家标准——《规模猪场建设》(GB/T 178241—2008)、《规模猪场生产技术规程》(GB/T 178242—2008)、《规模猪场环境参数及环境管理》(GB/T 178243—2008)、《集约化猪场防疫基本要求》(GB/T 17823—2009)和国家相关的法律法规及行业主管部门的文件要求为指导，结合当地的具体条件，完善自身猪场的改扩建方案，完善猪舍内设施条件，优化猪群的品种结构，统一不同生理阶段饲养管理技术和防疫要求，规范饲料、饲料添加剂及兽药的安全使用，对粪污进行无害化处理并循环利用，实现生猪的健康高效养殖，为社会提供安全优质的生猪产品。

2. 增产增效情况

推广生猪标准化养殖技术，将改善生猪的圈舍条件，改善饲养环境，优化生猪品种结构，完善生猪各生理阶段的饲料营养，减少疫病发生，增加粪污的合理利用率，保障生猪产品的安全稳定供应，提高养猪技术水平和生产水平，增加农民的养殖效益。推广该项技术，每头母猪一年将多出栏1头以上商品猪、增收200元以上，在同样生产成本下，全国4900万头能繁母猪每年的增产效益将达100亿元以上，社会经济效益显著。

3. 技术要点

(1)参照国家标准——《规模猪场建设》(GB/T 178241—2008)，结合当地条件，细化和完善自身猪场的改扩建方案，完善猪舍内的设施条件，包括规模猪场的饲养工艺、建设面积、猪场布局、建设要求、水电供应及设施设备等。

(2)参照国家标准——《规模猪场生产技术规程》(GB/T 178242—2008)，结合自身猪群特点，建立规范化可操作的生产技术规程，包括生产工艺与环境要求、引种和留种、饲料要求、不同生理阶段猪群的管理、兽医防疫和猪场各种记录等。

(3)参照国家标准——《规模猪场环境参数及环境管理》(GB/T 178243—2008)，采取有效措施，控制好猪场的场区环境和猪舍内环境参数，包括控制好场区环境和猪舍内的温度、湿度、空气卫生、猪舍通风换气、采光要求和噪声控制等。

(4)参照国家标准——《集约化猪场防疫基本要求》(GB/T 17823—2009)，结合自身猪场的特点，有针对性地提出防疫要求，包括猪场建设防疫要求、猪场管理防疫要求、卫生消毒、疫病诊断、疫情处理、免疫、药物防治和疫病净化等。

（5）通过标准化规模养殖技术的推广应用，创建典型示范点，以点带面，全面提升生猪的养殖水平，增加农民养猪收入，保障生猪的有效供应，提高生猪产品的质量和安全性。

适宜推广地区：适用于我国生猪养殖区域。

第二章　猪的经济类型与品种

第一节　猪的经济类型

根据猪生产肉脂性能和体型结构特点，分为瘦肉型、脂肪型和肉脂兼用型3种经济类型。

（一）瘦肉型

胴体瘦肉多，瘦肉率在56％以上，背膘厚3厘米以下（含3厘米），体型结构为头部小，体躯长，体长大于胸围15厘米以上，背平直或略弓，腹部平直，臀部丰满，生长速度快。

（二）脂肪型

胴体脂肪多，瘦肉少，瘦肉率在45％以下，背膘厚4～6厘米，体型结构为头颈较重、垂肉多，体型矮小，体长和胸围大致相等；体躯宽深而短，腹大下垂。

（三）肉脂兼用型

胴体瘦肉率与体形结构介于瘦肉型与脂肪型之间。我国大多数的地方培育猪种，都属于此类型。

第二节　猪的品种

(一)地方品种

指在某个地区长期饲养形成的品种。我国幅员辽阔，地方品种众多，据 1986 年出版的《中国猪品种志》记载，我国猪地方品种分为华北型、华南型、华中型、高原型、江海型和西南型 6 大类型，48 个品种。这些品种具有性情温驯，性成熟早，母猪发情明显、产仔多、母性好、繁殖力强；肉质好、肌间脂肪多、肉质细嫩、口感嫩滑，肉味香浓；适应性强、耐粗饲等优点，但也存在体格小、生长速度慢、后腿不丰满、饲料利用率和胴体瘦肉率低等不足。

(1)民猪。原产于东北和华北部分地区。广泛分布于辽宁、吉林和黑龙江等省。头中等大，面直长，耳大下垂。体躯扁平，背腰窄狭，臀部倾斜。四肢粗壮。全身被毛黑色，毛密而长，猪鬃较多，冬季密生绒毛。成年公猪重 195 千克，成年母猪体重 151 千克。乳头 7～8 对，产仔数 11～13 头。

(2)槐猪。产于上杭、漳平、平和。分布于龙岩的上杭、漳平、永定，三明的大田，漳州的平和、长泰、华安、南靖，泉州的安溪、德化、永春等十多个市、县。头短宽，额部有明显的横行皱纹，耳小竖立，稍向前倾或向侧稍倾垂。体躯短，胸宽而深，背宽而凹，腹大下垂，臀部丰满。多卧系。尾根粗大，全身被毛黑色。成年公猪平均体重 62.29 千克，成年母猪平均体重 65.17 千克。乳头 5～6 对，经产母猪平均产活仔数9头。

(3)两广小花猪。由陆川猪、福绵猪、公馆猪和广东小耳花猪归并，1982年起统称两广小花猪。中心产区在陆川、玉林、合浦、高州、化州、吴川、郁南等地，分布于广东省和广西壮族自治区相邻的浔江、西江流域的南部。体型较小，具有头短、颈短、耳短、身短、脚短和尾短的特点。故有"六短猪"之称。额较宽，有"〈〉"形或菱形皱纹，中间有白斑三角星，耳小向外平伸。背腰宽广凹下，腹大拖地，体长和胸围几乎相等。被毛稀疏，毛色为黑白色。成年公猪体重130千克，成年母猪体重112千克。乳头6～7对，平均产仔8.2头。

(4)金华猪。原产于浙江省金华地区东阳县的划水、湖溪，义乌县的上溪、东河、下沿，金华县城孝顺、曹宅等地。主要分布于东阳、浦江、义乌、金华、永康、武义等县。体型中等偏小。耳中等大，下垂不超过口角，额有皱纹。颈粗短，背微凹，腹大微下垂，臀较倾斜。四肢细短。皮薄、毛疏、骨细。又称"两头乌"或"金华两头乌"猪。

成年公猪体重111千克，成年母猪体重97千克。乳头数多为7～8对，平均产仔数13.78头。

(5)太湖猪。由二花脸、梅山猪、枫泾猪、嘉兴黑猪、横泾猪、米猪、沙头乌等猪种归并，1974年起统称"太湖猪"。主要分布于长江下游，江苏、浙江省和上海市交界的太湖流域。头大额宽，额部皱褶多、深，耳特大，软而下垂，耳尖齐或超过嘴角。全身被毛黑色或青灰色，毛稀疏，毛丛密，毛丛间距离大，腹部皮肤多呈紫红色，梅山猪的四肢末端为白色，俗称"四白脚"。成年公猪体重192千克，成年母猪体重172千克。乳头数多为8~9对，是全国已知猪品种中产仔数最高的一个品种，母猪头胎产仔12头，二胎14.48头，三胎及三胎以上15.83头。

(6)内江猪。主要产于四川省的内江市和内江县，以内江市东兴镇一带为中心产区。体型大，体质疏松。头大，嘴筒短，额面横纹深陷成沟，额皮中部隆起成块，俗称"盖碗"。耳中等大、下垂。体躯宽深，背腰微凹，腹大不拖地，臀宽稍后倾，四肢较粗壮。皮厚，被毛全黑，鬃毛粗长。成年公猪体重170千克，成年母猪体重86千克。乳头粗大，一般6~7对，产仔数中等，约产仔9头。

(7)藏猪。产于我国青藏高原的广大地区。主要分布于西藏自治区的山南、昌都地区、拉萨市和四川省的阿坝、甘孜，云南省的迪庆和甘肃省的甘南藏族自治州等地。体小。嘴筒长、直、呈锥形，额面窄，额部皱纹少，耳小直立或向两侧平伸，转动灵活。体躯较短，胸较狭，背腰平直或微弓，腹线较平，后躯较前躯高，臀部倾斜。四肢结实紧凑，蹄质坚实、直立。鬃毛长而密。被毛多为黑色。成年种猪的体重、体尺在不同产区存在一定差异，以云南省的藏猪体型较大。公猪达到42千克，母猪达80千克。乳头以5对居多，产仔4.76头。

(8)其他地方优良品种。我国其他地方品种的产地分布及外貌特征、生产性能见表2-1。

表 2-1 其他地方优良品种猪

品种	产地及分布	外貌特征	生产性能
八眉猪	中心产区为陕西泾河流域、甘肃陇东和宁夏的固原地区。主要分布于陕西、甘肃、宁夏、青海等省、自治区，新疆和内蒙古亦有少量分布。又称泾川猪或西猪	头较狭长，耳大下垂，额有纵行"八"字皱纹，故名八眉。被毛黑色。按体型外貌和生产特点可分为大八眉、二八眉和小伙猪三大类型	八眉猪生长发育较慢，且公猪比母猪更慢些，公猪 8 月龄体重仅 33.17 千克，母猪为 47.46 千克。公猪性成熟较早，30 日龄左右时即有性行为。在较好的饲养条件下，公猪于 10 月龄、体重达 40 千克左右时开始配种，母猪于 3~4 月龄（平均 116 天）开始发情。经产母猪平均产仔数 12.65 头
闽北花猪	主产于沙县、顺昌、南平建阳、尤溪、三明、永安、建瓯等县、市。广泛分布于沙溪、富屯溪、建溪、尤溪两岸	头中等大额有深浅和形状不一的皱纹，耳前倾下垂，颈短厚。背腰宽、且多凹陷，腹大下垂，臀宽而稍倾斜。毛细稀短，毛色黑白花，黑白程度不一	成年公猪体重 78.1 千克，母猪 83.9 千克。母猪初次发情在 4 月龄，一般在 8 月龄、体重 40 千克以上时配种。初产母猪平均产仔 7.5 头、经产母猪平均产仔数 8.34 头
荣昌猪	产于重庆市荣昌县和四川省和隆昌县，主要分布在永川、泸县、泸州、合江、纳溪、大足、铜梁、江津、壁山、宜宾及重庆等十余个市县	被毛除两眼四周或头部有大小不等的黑斑外，均为白色，也有少数在尾根及体躯出现黑斑或全白的。体型较大。头大小适中，面微凹，耳中等大、下垂。额面皱纹横行、有漩毛。体躯较长，发育匀称，背腰微凹，腹大而深，臀部稍倾斜，四肢细致、结实	成年公猪体重 98.13 千克，成年母猪体重 86.77 千克左右。4 月龄达性成熟期，5~6 月龄时可用于配种。三胎及三胎以上母猪平均产仔 10.21 头

续表

品种	产地及分布	外貌特征	生产性能
宁乡猪	原产于湖南宁乡县的草冲和流沙河一带,原称草冲猪或流沙河猪。分布于与宁乡县毗邻的益阳、安化、连源、湘乡等县以及怀化、邵阳两地区	毛色为黑白花。体型中等。头中等大小,额部有形状和大小不一的横行皱纹,耳较小、下垂、颈短粗,有垂肉。背腰宽,背多凹陷,肋骨拱曲,腹大下垂,臀部微倾斜。四肢较短,大腿欠丰满,多卧系,撒蹄,群众称之为"猴子脚板"。多数猪后脚较弱而弯曲,飞节内靠。尾尖、尾帚扁平。毛粗短而稀。根据头型分为:狮子头、福字头和阉鸡头	成年公猪体重87.22千克,母猪92.66千克。母猪初次发情在129.5天,一般在64—177日龄,体重35千克,即第三次发情时初次配种。平均产仔数10.12头
香猪	中心产区在贵州从江县的宰便、加鸠两区,主要分布在黔、桂接壤的榕江、荔波、融水等县北部,以及雷山、丹寨县等地	体躯矮小。头较直,额部皱纹浅而少,耳较小而薄,略向两侧平伸或稍下垂。背腰宽而微凹,腹大丰圆触地,后躯较丰满。 四肢短细,后肢多卧系。皮薄肉细。毛色多全黑,但也有"六白"或不完全"六白"的特征。可分为大、小两个类型	公猪体重37.37千克,体长81.5厘米、体高47.4厘米,母猪体重41.09千克、体长85.74厘米、体高45.86厘米。母猪初次发情在120天,第一胎产仔数6.1头、二胎及二胎以上产仔数8.1头

(二)培育品种

根据育种目的,采用育种手段,利用引入的国外猪种与地方猪种杂交而育成的品种。1949—1990年,我国共育成新品种、新品系38个,《中国猪品种志》收录培育品种12个,如哈尔滨白猪、新金猪、上海白猪、北京黑猪、新淮猪、东北花猪、三江白猪等。这些品种经过系统培育,均有较高的生产性能。我国主要培育品种见表2-2。

表 2-2　我国主要培育品种猪

品种	产地及分布	外貌特征	生产性能
哈尔滨白猪	产于黑龙江省南部和中部地区，以哈尔滨市及其周围各县饲养头数较多，并广泛分布于滨州、滨绥、滨北和牡佳等铁路沿线	全身被毛白色。体型较大。头中等大小，两耳直立，颜面微凹。背腰平直，腹稍大但不下垂，腿臀丰满，四肢强健，体质结实	6月龄体重公猪达73.1千克，母猪达64.4千克。乳头7对以上，初产母猪平均产仔数9.4头，经产母猪11.3头
新金猪	原产于辽东半岛南部。主要在新金县、金县和大连市郊等地，分布于丹东、辽阳、锦州、铁岭、朝阳和内蒙古自治区昭乌达盟等地区	体质结实，结构匀称。头大小适中，颜面稍弯，耳直立稍前倾。胸宽深，背腰宽平；腹线平直，后躯较丰满。四肢健壮，蹄质结实。被毛稀疏，全身黑色，鼻端、尾尖和四肢下部多为白色。具有"六白"或不完全"六白"特征	成年公猪平均体重为231.15千克，成年母猪平均体重为175.57千克。乳头6对以上。初产母猪产仔9头左右，经产母猪每窝产仔10头左右。日增重538克，每千克增重耗混合精料3.36千克
新淮猪	育成于江苏省淮阴地区	头稍长，嘴平直或微凹，耳中等大、向前下方倾垂。背腰平直，腹稍大但不下垂，臀略斜。四肢强壮有力。被毛黑色，允许体躯末端有少量的白斑	成年公猪体重为244.2千克，成年母猪体重为185.22千克。具有较高的繁殖力和哺乳率。有效乳头一般不少于7对，三胎及以上平均产仔13.23头

续表

品种	产地及分布	外貌特征	生产性能
上海白猪	产于上海市近郊的闵行和宝山两区。分布于上海市近郊	体型中等偏大。体质结实。头面平直或微凹，耳中等大略向前倾，背宽，腹稍大，腿臀较丰满。被毛白毛。乳头排列稀，较细	成年公猪体重为258±8.66千克，成年母猪体重为177.59±1.89千克。乳头数7对左右，产仔数12.93头
北京黑猪	主要在北京市原双桥农场和北郊农场育成。分布于北京市朝阳、海淀、昌平、顺义、通州等京郊各区、县	体质结实，结构匀称。头大小适中，两耳向前上方直立或平伸，面微凹，额较宽。颈肩结合良好。背腰较平直，且宽。四肢健壮，腿臀较丰满。全身被毛黑色。属兼用型猪种	6月龄公猪体重72.26千克，母猪体重73.24千克。乳头多在7对以上，平均产仔11.52头

（三）国外引进品种

（1）大约克夏猪。原产于英国北部的约克郡及其临近地区。体格大，全身被毛白色，故称大白猪。耳直立、中等大，头颈较长，嘴稍长微弯，体躯长，背腰平直或微弓，腹稍下垂。四肢较高。乳头6对以上。初产母猪产仔数9～10头，经产母猪产仔数11～12头。成年公猪体重250～300千克，成年母猪体重230～250千克。生长速度快，165天体重可达100千克。饲料利用率高，料重比（2.6～2.8）：1。胴体瘦肉率64%～65%。通常利用它作为第一母本生产三元杂交猪。当前许多国家和地区根据自己的市场需要，培育出各自具有部分性能优势的品系，我国引入的大约克猪主要来自英国、美国、法国和加拿大等国，分别称为英系、美系、法系和加系。

（2）长白猪。原产于丹麦。全身被毛白色，耳大前倾，头、颈较轻，鼻嘴长直。体躯长，胸部有 16～17 对肋骨，背部平直稍呈弓形。四肢较高，后躯肌肉丰满，腹线平直，乳头 6 对以上，排列整齐。繁殖性能好，母猪产仔数在 11～12 头。生长速度快，158 天体重达 100 千克。胴体瘦肉率 65%。是生产瘦肉型猪的优良母本。目前国内饲养的长白猪主要有丹系、美系、加系、英系和瑞系长白猪。

（3）杜洛克猪。原产于美国东部的新泽西州和纽约州等地。全身被毛呈棕红色或金黄色，色泽深浅不一。体躯高大、匀称紧凑，后躯肌肉丰满。头较小，颜面微凹，鼻长直，耳中等大小，向前倾，耳尖稍弯曲；胸宽而深，背腰稍弓，腹线平直，四肢粗壮强健。成年公猪体重 340～450 千克，母猪 300～390 千克。母猪产仔数 10 头左右。生长速度快，153～158 天体重达到 100 千克。饲料利用率高，料重比低于 2.8∶1。胴体瘦肉率在 65% 以上。通常利用它作为生产三元杂交猪的终端父本。目前，国内饲养的杜洛克主要有我国台湾省培育的台系杜洛克、美系和加系杜洛克。

（4）汉普夏猪。由美国选育而成。全身主要为黑色，肩部到前肢有一条白带环绕。体型大，体躯紧凑，呈拱形。头大小适中，耳向上直立，中躯较宽，背腰粗短，后躯丰满。产仔数 9～10 头，瘦肉率 60% 以上。

（5）皮特兰猪。产于比利时的布拉帮地区。毛色灰白色并带有不规则的黑色斑点。头部清秀，嘴大且直，双耳略微向前立起，体躯呈圆柱形，腹部平行于背部，肩部肌肉丰满，后躯发达。呈双肌臀，四肢较粗。产仔数 9～10 头，生长较快，6 月龄体重达 90～100 千克，饲料利用率高，料重比（2.5～2.6）∶1。瘦肉率高达 70%，但肉质欠佳，肌纤维较粗，易发生猪应激综合征（PSS），产生 PSE 肉。近年选育出的抗应激皮特兰，在适应性和肉质上都有大幅度改进。

在规模化商品猪的生产中基本上不采用纯种，而是充分利用杂交优势。目前在生产中常用的杂交组合有杜长大或杜大长杂交组合、PIC 配套系。

杜长大杂交组合：这个杂交组合在我国普遍使用，它是利用长白猪作母本与大约克公猪或用大约克母猪与长白公猪杂交，产生的杂交一代（长大或大长）母猪再与杜洛克公猪杂交，其后代（杜长大或杜大长）作商品猪。商品猪生后150～160天体重可达 100 千克以上，料重比（2.6～2.8）：1。

PIC 配套系：在我国北方地区饲养量大，PIC 配套系是以长白猪、大约克、杜洛克和皮特兰等瘦肉型猪为基础，导入其他品种的血缘，育成专门化品系，专门化品系之间进行杂交，选出最佳组合。我国引进 PIC 曾祖代有 4 个专门化品系，经杂交生产商品猪。商品猪出生 155d 体重可达 90 千克以上，料重比（2.5～2.6）：1。

第三节　猪的习性特点

猪在进化过程中形成了各种各样的生物学特性。不同的猪种既有种属的共性，又有各自的特性。在养猪生产实践中，要不断地认识和掌握猪的生物学特性，并加以利用。

（一）繁殖率高，世代间隔短

猪的性成熟早，妊娠期、哺乳期短，因而世代间隔比牛、马、羊都短，一般 1.5～2 年一个世代，如果采用头胎母猪留种，可缩短至 1 年一个世代。国产猪种一般 4～5 月龄达到性成熟，6～8 月龄可以初配。我国优良地方猪种性成熟时间较早，产仔月龄亦可随之提前，太湖猪有 7 月龄产仔分娩的。

在正常饲养管理条件下，猪一年能分娩两胎，两年可达到五胎。初产母猪一般产仔 8 头左右，第二胎可产 10～12 头，第三胎以上可达 12 头以上，个别的可达 20 头以上。但这还远远没有发挥猪的繁殖潜力，据研究，母猪卵巢中有卵原细胞 11 万多个，繁殖利用年限内仅排卵 400 多个，每个发情期排卵 20 个左右。而公猪每次射精量可达 200～500 毫升，其有效精子数高达 200 亿～1 000 亿个。实验证明，通过外源激素处理，可使母猪在一个发情期内排卵 30～40 个，个别的可达 80 个。因此，只要采取适当的繁殖措施，改善营养和饲养管理条件，以及采取先进的选育方法，进一步提高猪的繁殖性能还是有潜力的。

(二)生长周期短、发育迅速、沉积脂肪能力强

由于猪的妊娠期较短，同胎仔数又多，故出生时发育不充分，头占全身的比例大，四肢不健壮，初生体重小，平均只有 1～1.5 千克，约占成年体重的 1%，各系统器官发育不完善，对外界环境的适应能力差。为了补偿妊娠期内发育不足，仔猪出生后的头两个月生长速度特别快。一月龄体重为初生体重的 5～6 倍，二月龄体重为一月龄体重的 2～3 倍。发育迅速，各系统、器官日趋发育完善能很快适应生后的外界环境。在满足其营养需求的条件下，一般 160～170 天体重可达到 90 千克左右出栏上市，相当于初生重的 90～100 倍。

猪在生长初期，骨骼生长强度最大；在生长中期，肌

肉生长强度最大；而生长后期，脂肪组织生长强度最大。猪利用饲料转化为体脂的能力较强，是阉牛的 1.5 倍左右。据此，在猪的饲养中应合理利用饲料，正确控制营养物质的供给，同时，根据生产需要和市场需求，确定适时出栏体重，避免脂肪过分沉积，影响胴体品质，猪生长周期短、生长发育迅速、周转快等优越的生物学特性和经济学特点，对养猪经营者降低成本、提高经济效益十分有益。

（三）食性广、饲料转化率高

猪是杂食动物，食性广，饲料利用率强。猪对精料有机物的消化率为 76.7%，也能较好地消化青粗饲料，对青草和优质干草的有机物消化率分别达到 64.6% 和 51.2%。猪虽耐粗饲，但对粗饲料中粗纤维的消化较差，而且饲料中粗纤维含量越高，猪对日粮的消化率也就越低。因为猪既没有反刍家畜牛、羊的瘤胃，也没有马、驴发达的盲肠，猪对粗纤维的分解几乎全靠大肠内微生物，所以，在猪的饲养中，应注意精、粗饲料的适当比例，控制粗纤维在日粮中所占的比例，保证日粮的全价性和易消化性。当然，猪对粗纤维的消化能力随品种和年龄不同而略有差异，我国地方猪种较国外培育品种具有较好的耐粗饲特性。

（四）不耐热

成年猪汗腺退化，皮下脂肪层较厚，散热难；另一方面，猪只被毛少，表皮层较薄，对日光紫外线的防护力差。这些生理上的特点，使猪相对不耐热。成年猪适宜温度为 20～23℃，仔猪的适宜温度为 22～32℃。当环境温度不适宜时，猪表现出热调节行为，以适应环境温度。当环境温度过高时，为利于散热，猪在躺卧时会将四肢张开，充分伸展躯体，呼吸加快或张口喘气；当温度过低时，猪则蜷缩身体，最小限度地暴露体表，站立时表现夹尾、曲背、四肢紧收，采食时也表现为紧凑姿势。

（五）嗅觉和听觉灵敏、视觉不发达

猪的鼻子具有特殊的结构，嗅区广阔，嗅黏膜的绒毛面积很大，分布在嗅区的嗅神经非常密集。因此，猪的嗅觉非常灵敏，能辨别各种气味。据测定，猪对气味的识别能力高于狗数倍，比人高 7～8 倍。仔猪在生后几小时便能鉴别气味，依靠嗅觉寻找乳头。在 3 天内就能固定乳头；猪依靠嗅觉能有效地寻找埋藏在地下很深的食物，凭着灵敏的嗅觉，识别群内的个体、自己的圈舍和卧位，保持群体之间、母仔之间的密切联系；对混入本群的他群个体能很快地认出，并加以驱赶，甚至咬伤；嗅觉在公母性联系中也起很大作用，例如，公猪能敏锐闻到发情母猪的气味，即使距离很远也能准确地辨别出母猪所在方位。

猪的耳朵大，外耳腔深而广，听觉相当发达，即使很微弱的声响都能敏锐地觉察到。另外，猪的头转动灵活，可以迅速判断声源方向，能辨声音的强度、音调和节律，对各种命令和声音刺激物的调教可以很快地建立条件反射。仔猪出生后几小时，就对声音有反应，到 3～4 月龄时就能很快地辨别出不同声音刺激物。猪对意外声响特别敏感，尤其是与吃喝有关的声音更为敏感。在现代化养猪场，为了避免由于喂料声响所引起的猪群骚动，常采取一次全群同时给料装置。猪对危险信息特别警觉，睡眠中一旦有意外响声，就立即苏醒、站立警备，因此，为了保持猪群安静，尽量避免突然的声响，以免影响其生长发育。

猪的视觉很弱，缺乏精确的辨别能力，视距、视野范围小，不靠近物体就看不见东西。对光刺激一般比声刺激出现条件反射慢得多，对光的强弱和物体形态的分辨能力也弱，辨色能力也差。人们常利用猪这一特点，用假母猪进行公猪采精训练。

猪对痛觉刺激特别容易形成条件反射，可适当用于调教。例如，利用电围栏放牧，猪受到1～2次微电击后，就再也不敢接触围栏了。猪的鼻端对痛觉特别敏感，利用这一点，用铁丝、铁链捆紧猪的鼻端，可固定猪只，便于打针、抽血等。

(六)定居漫游、群体位次明显、爱好清洁

猪具有合群性，习惯于成群活动、居住和睡卧，群体内个体间表现出身体接触和保持听觉的信息传递，彼此能和睦相处。但也有竞争习性，大欺小、强欺弱，群体越大这种现象越明显。生产中见到的争斗行为主要是为争夺群体内等级、争夺地盘和争食。在猪群内，不论群体大小，都会按体质强弱建立明显的位次关系，体质好、"战斗力强"的排在前面，稍弱的排在后面，依次形成固定的位次关系。

猪不在吃睡地方排泄粪尿，喜欢在墙角、潮湿、背阴、有粪便气味处排泄。因此，可以利用群体易化作用，调教仔猪学吃饲料和定点排泄。若猪群过大或围栏过小，猪的上述习惯就会被破坏。

第三章　猪的饲养管理概述

第一节　规模养猪场的圈舍建设要点和设施设备

一、场 地 选 择

养猪场址选择是猪生产的基础，场址的选择和布局是否得当，直接关系到养猪生产水平和经济效益的高低。同时，养猪场址选择是一项政治、经济和技术相结合的综合性工作，必须贯彻国家的基本建设方针，适应所在城市的城镇规划，并根据发展需要，考虑今后是否有扩建的可能，留有余地。如果选场不当，将会给生产和基建带来很多困难，甚至造成无法挽回的后果。场址的选择一般应注意以下几点要求。

1. 兽医卫生、防疫要求

场址不得选在重工业、化学工业区附近，避免工厂"三废"对猪环境的污染；选场址结合城镇规划，建在城镇郊区，距离大城市 20 千米，距离县镇 10 千米左右，禁止在旅游区、畜病区建场；场址距离居民区 300 米以上，距主要公路 300 米以上、次要公路 100 米以上；住宅区应位于猪场的上风方向。

2. 交通运输

场外应通有公路，猪场所处位置要尽可能接近饲料产地和加工地，靠近产品销售地。

3. 水源和供电

应选择水源可靠充足、水质优良，符合饮用水标准的地方建场，凡经检验证明无污染的井水、河水都是良好的水源。在供电方面，要求有二级供电电源，当仅有三级以下供电电源时，还应考虑自备发电机。

4. 地形地貌

地势应选择干燥、排水良好、背风向阳的地方建场，同时，应考虑减少平整场地的土石方工程量。选用山坡地时，坡度尽量小些。

5. 工程地质条件

尽量避免因工程地质条件差而使建筑物基础复杂化。

二、猪场布局

猪场布局是否科学合理，直接关系到建设投资及生产与运行成本，同时，也关系到最大限度保证猪群持续稳定健康生产。猪场布局应遵循符合动物防疫的生产工艺流程设计线路要求，充分利用自然地势，降低生产运作成本，因地制宜地利用天然防疫屏障，满足当前生产需要的同时，适当考虑将来技术提高和改造的可能性。

猪场的生产工艺流程是在不违背生物自然特性的前提下，更科学地结合了现代养猪的理念，工艺设计融合了疫病综合防治、"全进全出"饲养制度、专业化营养配制、系统化饲养等的现代技术。建立生产区域，使整个生产流程科学化、系统化和专业化。

（一）生产区、辅助生产区和办公区

生产区：主要包括公猪舍、配种舍、妊娠舍、分娩哺乳舍、断奶保育舍、肥育舍。

辅助生产区：主要包括饲料库、维修库、隔离猪舍、兽医室和人工授精室、污水和粪便无害化处理系统、更衣消毒室等。

办公区：主要包括办公室、食堂、宿舍、门卫值班室等。

设计猪场时，应把上述各种建筑物按生产工艺流程和不同卫生防疫控制等级要求进行综合规划。生产区主要由各类猪舍组成，是动物防疫控制最严格的区域。辅助生产区一般设置在饲养区外边、上风处，是人员、物资交流频繁区域，是猪场与社会联系的场所。隔离区包括隔离猪舍、病死猪处理及粪便污水无害化处理系统。该区必须单独设立，位于全场的下（侧）风向及地势较低处。保持一定的防疫间距，与生产区明显分隔，设立围墙、防疫沟和绿化带。

（二）生产区布局

各类猪舍排列的优先顺序依次是：空怀配种舍、公猪舍、分娩猪舍、妊娠猪舍、仔猪培育舍、生长育肥舍等。

一般把养猪生产的全过程依次分解为种猪配种、母猪妊娠、分娩哺乳、断奶保育、生长和肥育等几个生产阶段，并配置设立相应的专用猪舍。母猪常年均衡分批产仔，各生产阶段按批次流水作业，每批实行"全进全出"制。猪场内猪群流动方向为配种舍、妊娠舍和分娩哺乳舍之间往复流动。商品猪从分娩哺乳舍向断奶保育舍、生长猪舍、肥育猪舍单向流动，最后从装猪台出场上市。所以，在设计生产区布局时，首先要考虑便于猪群的转群。场区道路用于场内各建筑物之间及场内外人员出入、饲料等物料运输。道路布局以防止场内交叉感染和保持场内环境卫生为原则，根据动物要求设置清洁道、污染道和猪转群专用道。清洁道一般位于每栋猪舍管理间一端，用于饲养人员出入和运送饲料；污染道一般位于猪舍的另一端，是清扫废弃物、运出病死猪的专用道，污染道出口与粪尿污水处理场相通；污染道与清洁道互不交叉，道路出入口各自分开。路面的宽度和混凝土浇筑厚度则根据现场地段而定，清洁主干道宽为 2 米左右，污染道宽为 1.5 米，猪转群专用道宽为 3 米，并设有高 0.6 米的矮墙。

三、猪舍的舍型

集约化猪场的猪舍型式可分为两种：有窗式猪舍和无窗式密闭式猪舍。

1. 有窗式猪舍

这种猪舍四面有墙，保湿隔热性能好，在两侧墙上和屋脊两侧设天窗，窗的大小和结构根据当地的气候条件决定。一般不设机械通风设备，依靠自然风通风换气。在寒冷地区坐北朝南的猪舍，南窗应大，北窗应小，严寒地区应设双层玻璃窗，炎热高湿地区不仅在两侧墙上设窗，而且在屋脊两侧还要设天窗，以增强通风换气效果。

2. 无窗密闭式猪舍

无窗密闭式猪舍不设窗，设顶棚，平时门扉紧闭，与外界自然环境分隔。一般只在两纵墙上设应急窗和风机，有的在屋脊处设进风口，安装蒸发式空气冷却器，附有一套自动控制的机械通风系统和供暖、降温设施。猪舍的通风、光照、舍温由人工控制，完全摆脱了自然环境的影响，能较理想地适应猪群对环境的要求，有利于猪群的生长发育，但这种猪舍土建、设备投资大，能源消耗高，一年四季都要依赖于机械设备，适用于外界自然环境条件差或对环境条件要求较高的母猪分娩舍和仔猪保育舍。

四、猪舍的结构

集约化猪舍的结构主要包括基础、墙、舍顶、地面、门和窗等。猪舍的小气候在很大程度上取决于猪舍的结构。

舍顶是猪舍的外围护结构，要求坚固、耐用、防水、防火，保温隔热性好。其形式有双坡式、平顶式、钟楼式等。常用木瓦结构、钢瓦结构制成，有条件的采用铝合金波型板内外包封，内设木质骨架，加玻璃纤维和塑料薄膜保温隔热层。这种舍顶不仅经久耐用、整齐美观、便于清洁消毒，而且有利于猪舍的保温隔热和环境控制。

一般密闭式猪舍、母猪分娩舍和仔猪保育舍都要求设计顶棚。顶棚的作用是将猪舍与舍顶下的空间隔开，造成一个缓冲空间，此空间的大量干燥空气是热的不良导体，使猪舍冬季得以保温，夏季防热，有利于通风换气。集约化猪舍的顶棚要求保温隔热、不透水、不透气、坚固和表面光滑。

墙将猪舍和外界隔开，用于保证舍内必需的温度和湿度。直接与外界接触的墙称为外墙，外墙的两长墙叫纵墙或主墙；两端短墙叫端墙或山墙；分隔猪舍内成间的墙，称为隔墙。现代化猪舍的墙，有砖墙、石墙、混凝土板墙，也有内镶泡沫塑料保温板的铝合金波型板墙。墙体要求坚固、耐久、耐水、抗震、防火、表面光滑，便于清扫、消毒，具有较好的保温隔热性能。

地面是猪躺卧的床、运动的场地，不但对猪舍卫生、猪的日增重和生产性能的发挥有很大的影响，而且对猪舍保温也有非常重要的作用。猪舍热量的 $12\%\sim17\%$ 是通过地面散发的，所以，集约化猪舍的地面要求不返潮、导热系数低、易保持干燥、坚实、不滑、耐腐蚀和适宜猪行走躺卧。一般配种舍为半漏缝地面，一半是粪沟上铺放钢筋混凝土板条，另一半是混凝土地面；生长和育肥舍为全漏缝地面，整个猪栏的地面都是在粪沟上铺放钢筋混凝土板条构成；分娩舍和育仔舍为半漏缝地面，一半是粪沟上铺设金属编织漏缝地板网，另一半是混凝土地面；有的在混凝土地面下铺设循环式暖水管，形成暖床。

五、不同猪群的圈舍设计

1. 种猪舍

种猪舍多为带运动场的单列式圈舍。给公猪设运动场，单圈饲养，并保证其充足运动，可防止公猪过肥，对其健康、精液品质、延长使用年限等均有好处。公猪栏高度为 $1.2\sim1.4$ 米，面积一般为每头 $7\sim9$ 平方米。

2. 妊娠母猪舍

妊娠母猪舍可为单列式(可带运动场)、双列式和多列式等几种形式。妊娠母猪、空怀母猪可以群养，也可以单养。群养时每圈 $4\sim5$ 头，这种方式节约圈舍，提高了圈舍的利用率。空怀母猪群养可以相互诱发发情，但发情不易检查；妊娠母猪群养易发生争食、咬架，导致死胎和流产的增多。空怀、妊娠母猪单养时，易于发情鉴定和配种，利于妊娠母猪的保胎和定量饲喂；其缺点是母猪运动量少，受胎率有下降趋势，肢蹄病增多，影响母猪的利用年限。

一般情况下，妊娠 16 周的母猪转入产仔舍准备产仔。因此，除产仔、哺乳母猪外，其余妊娠母猪、空怀母猪及后备母猪均在妊娠母猪舍内饲养。母猪栏长 4 米、宽 3 米、高 1 米。靠走道一侧每栏的底部设食槽，食槽长 2 米、宽 0.45 米、外沿高 0.3 米、内沿高 0.25 米；在另一侧（或靠墙侧）离地面 30 厘米处横向设一条供水管，每个栏的供水管上装一个饮水器。一般可在母猪舍内一侧设配种栏，一个配种栏占 4 个单体母猪栏位。

3. 产仔、哺乳舍

产仔、哺乳舍（产房）是全场投资最高，设备最佳，保温最好的猪舍。产仔栏一般长 2.1 米、宽 1.6～1.8 米、高 0.5～0.6 米，实用面积为 3.36～3.78 平方米。由于产房是供母猪分娩和哺乳仔猪用的，其设计既要满足母猪需要，又要兼顾仔猪的要求。

分娩母猪的适宜温度为 16～18℃，新生仔猪的热调节机能发育不全，怕冷，其适宜温度为 32～35℃，气温低时通过挤靠母猪和相互堆挤取暖，这样常出现被母猪踩死、压死的现象。根据这一特点，产仔哺乳舍应设母猪限位区和仔猪活动区两部分，中间为母猪限位区，宽一般为 0.6～0.65 米。两侧为仔猪活动区，仔猪活动区内设仔猪补料槽和保温箱，保暖箱采用加热地板、红热灯等措施给仔猪局部供暖。保温箱在仔猪前期使用，根据舍外气候变化，可以逐渐撤掉保温箱，扩大仔猪活动范围。

一般集约化养猪，多采用早期断乳。根据我国饲养水平，仔猪哺乳时间28～35天(4～5周龄)为宜。为了生产安全，妊娠母猪一般提前1周进产房，分娩后，哺乳28～35天，再加上转群消毒所占时间，所以每个哺乳期占用产仔舍5～7周，每栋产仔舍年利用8次左右。因此，设计猪场时要保证足够的产仔舍单元，并留有一定余地，以供母猪周转产仔。

4. 仔猪培育舍

仔猪断奶后，从产房转入仔猪培育舍，饲养5～6周。每个仔猪培育栏面积约3.2～3.4平方米，其栏长2米、宽1.6～1.7米、栏高0.65米。栏内装有料槽和饮水器，在靠料槽的一边，铺一块木板供仔猪躺卧。每栏可养35～70日龄的断奶仔猪10～12头。由于断奶仔猪身体机能发育不完全，免疫力、抵抗力差，易感染疾病，仔猪体温调节能力差、怕冷，因此，仔猪培育舍应保证清洁、温暖。现在仔猪培育一般采用网上群养，网由钢丝编织，离地面0.3～0.5米，使仔猪脱离阴冷的水泥地面。同窝仔猪最好同圈饲养，可减少因并圈、重新建立优胜序列而造成的争斗、损伤。

5. 生长育肥猪舍

70日龄左右仔猪转入生长育肥猪舍饲养，原圈饲养或将两窝猪并为一圈。每圈饲养20头左右。生长肥育猪，身体各项机能趋于完善，对不良环境有较强的抵抗能力，因此，可采用多种形式的圈舍饲养。每个圈长5.0米，宽2.4～3.2米，栏高0.9～1米，实用面积12平方米，平均每头猪占0.6～0.8平方米。圈地面有1/3为缝隙地板，下设排粪沟。圈内有自动食槽和饮水器，供生长猪自由采食、自由饮水。生长育肥猪在 180 日龄前、体重达到 90～100 千克时出栏上市。

六、猪舍设施与设备

（一）猪栏

猪栏的使用可以减少猪舍占地面积，便于饲养管理和改善环境。不同的猪舍应配备不同的猪栏。猪栏按结构分有实体猪栏、栅栏式猪栏、母猪限位栏、高床产仔栏、高床保育栏等；按用途有公猪栏、配种栏、妊娠栏、分娩栏、保育栏、生长育肥栏等。

1. 实体猪栏

即猪舍内圈与圈之间以 0.6～1.4 米高的实体墙相隔，其优点在于可就地取材、造价低、利于防疫，缺点是通风不畅和饲养管理不便，浪费土地。该种猪栏适用于小规模猪场。

2. 栅栏式猪栏

即猪舍内圈与圈之间以 0.6～1.4 米高的栅栏相隔，占地小，通风性好，便于管理。缺点是耗费钢材，成本较高，且不利于防疫。该种猪栏适用于规模化、现代化猪场。

3. 综合式猪栏

即猪舍内圈与圈之间以 0.3～0.6 米高的实体墙相隔。上面 0.3～0.8 米高用金属栏，沿通道正面用实体墙或栅栏。集中了前二者的优点，适于大小猪场。

4. 母猪单体限位栏

单体限位栏为钢管焊接而成，前面处安装食槽和饮水器，尺寸为2.1米×0.6米×1米(也可长度采用2.0米，宽度采用0.625米或0.65米)，用于空怀母猪和妊娠母猪。其优点是与群养母猪相比，便于观察发情、便于饲养管理；其缺点是限制了母猪活动，易发生肢蹄病。该种猪栏适于工厂化、集约化养猪。

5. 母猪产仔栏

用于母猪产仔和哺育仔猪，由底网、围栏、母猪限位架、仔猪保温箱、食槽构成。底网采用由冷拔圆钢编成的网或塑料漏缝地板、铸铁漏缝地板、圆钢焊接漏缝地板、倒三角漏缝地板。围栏为钢筋和钢管焊接而成，2.1米×1.8米×0.6米(长×宽×高)，钢筋间缝隙4.5厘米；母猪限位架为2.1米×0.65米×(0.9～1.0)米(长×宽×高)，架前安装母猪食槽和饮水器，仔猪饮水器安装在前部或后部；仔猪保温箱1米×0.6米×0.6米(长×宽×高)。其优点是占地小，便于管理，防止仔猪被压死和减少仔猪疾病发生，但投资较高。

6. 保育栏

用于5～10周龄的断奶仔猪，结构同高床产仔栏的底网和围栏，高度0.6米，离地35～60厘米，占地小，便于管理，但投资高，规模化养殖多用。

(二)漏缝地板

采用漏缝地板易于清除猪粪尿，减轻人工清扫的劳动强度，利于保持栏内清洁及猪的生长。材料要求耐腐蚀、不变形、表面平整、坚固耐用，不卡猪蹄，漏尿效果好，便于冲洗、保持干燥。目前，其样式主要有以下几种。

1. 水泥漏缝地板

表面应紧密光滑，否则会积污而影响栏内清洁卫生。水泥漏缝地板内应有钢筋网，以防受破坏。

2. 金属漏缝地板

由金属条排列焊接（用金属编织或倒三角焊接）而成，适用于分娩栏和小猪保育栏。其缺点是成本较高，优点是不打滑、栏内清洁。

3. 金属编网漏缝地板

适用于保育栏。

4. 生铁漏缝地板

经处理后表面光滑、均匀无边、平稳，不会对猪形成伤害。

5. 塑料漏缝地板

由工程塑料模压制而成，利于保暖。

6. 复合材料漏缝地板

由复合材料压制而成，轻便防滑，成本较低。

(三)供热保温设备

现代化猪舍的供暖，分集中供暖和局部供暖两种方法。集中供暖主要利用热水、蒸汽、热空气及电能等形式。在我国养猪生产实践中，多采用热水供暖系统，该系统包括热水锅炉、供水管路、散热器、回水管及水泵等设备；局部供暖最常用的有电热地板、电热灯等设备。

目前，多数猪场采用高床网上分娩育仔，要求满足母仔不同的温度需要，如初生仔猪要求 32～34℃，母猪则要求15～22℃。常用的局部供暖设备是采用红外线灯或红外线辐射板加热器，前者发光发热，温度通过调整红外线灯的悬挂高度和开灯时间来调节，一般悬挂高度为 0.4～0.5 米；后者应将其悬挂或固定在仔猪保温箱的顶盖上，辐射板接通电流后开始向外辐射红外线，在其反射板的反射作用下，使红外线集中辐射于仔猪卧息区。由于红外线辐射板加热器只能发射不可见的红外线，还需另外安装一个白炽灯泡供夜间仔猪出入保温箱。

（四）通风降温设备

为有效排除舍内的有害气体、降低舍内的温度和控制舍内的湿度，应使用通风和降温设备。

1. 常用通风设施

通风机配置包括侧进（机械）上排（自然）、上进（自然）下排（机械）、机械进风（舍内进）与地下排风和自然排风、一端进风（自然）与另一端排风（机械）4 种形式。主要设备为风机。

2. 常用降温设施

（1）水帘。水帘降温是在猪舍一方安装水帘，一方安装风机，风机向外排风时，从水帘一方进风，空气在通过有水的水帘时，将空气温度降低，这些冷空气进入舍内使舍内空气温度降低。湿帘——风机降温系统是指利用水蒸发降温原理为猪舍进行降温的系统，由湿帘、风机、循环水路和控制装置组成。湿帘是用白杨木刨花、棕丝布或波纹状的纤维制成的能使空气通过的蜂窝状板。在使用时湿帘安装在猪舍的进气口，与负压机械通风系统联合为猪舍降温。

（2）喷雾。把水变成很细小的颗粒（也就是雾）。在下落的过程中不断蒸发，吸收空气中的热量，使空气温度降低；最简易的办法是使用扇叶向上的风扇，水滴滴在扇叶上被风扇打成雾状，这种设施辐散面积大，在种猪舍和育肥猪舍使用效果不错。喷雾降温系统是指一种利用高压水雾化后漂浮在猪舍中吸收空气的热量使舍温降低的喷雾系统，主要由水箱、压力泵、过滤器、喷头、管路吸自动控制装置组成。

（3）遮阴。利用树或其他物体将直射太阳光遮住，使地面或屋顶温度降低，相应降低了舍内的温度。

（4）风扇。风速可加速猪体周围的热空气散发，较冷的空气不断与猪体接触，起到降温作用。

（5）空调。特殊猪群使用，温度适宜，只是成本过高，不宜大面积推广，现多用于公猪舍。

（6）水池。有些猪场结合猪栏两端高度差较大的情况，将低的一头的出水口堵死，可以一头积存大量的水，猪热时可以躺到水池中乘凉，有一定的降温效果；水源充足的地区，不停地更换凉水，效果更好。一些猪场使用的水厕所，也能起到同样的作用。

（7）喷淋或滴水。水滴到猪体后蒸发，吸收猪体热量，从而起到降温作用。喷淋降温或滴水降温系统是指一种将水喷淋在猪身上为其降温的系统，主要由时间继电器、恒温器、电磁水阀、降温喷头和水管等组成。降温喷头是一种将压力水雾化成小水滴的装置。而滴水降温系统是一种通过在猪身上滴水而为其降温的系统，其组成与喷淋降温系统基本相同，只是用滴水器代替了喷淋降温系统的降温喷头。

（五）清洁消毒设备

集约化养猪场，由于采用高密度限位饲养，必须有严格完善的卫生防疫制度。对进场的人、车辆和猪舍环境都要进行严格的清洁消毒，才能保证养猪高效率安全生产。要求凡是进场人员都必须经过淋浴、并更换场内工作服（工作服应在场内清洗、消毒），更衣间设有热水器、淋浴间、洗衣机、紫外线灯等。集约化猪场原则上保证场内车辆不出场，场外车辆不进场，为此，装猪台、饲料或原料仓、集粪池等设施应建在围墙边。考虑到猪场的综合情况，应设置进场车辆清洗消毒池、车身冲洗喷淋机、喷雾器等设备。

第二节　猪的品种和繁育技术

一、猪的品种

（一）中国猪地方优良品种

1. 太湖猪

由二花脸、梅山、嘉兴黑猪等归并，1974 年起统称太湖猪。分布于长江中下游的江苏、浙江和上海交界的太湖流域。全身被毛黑色或青灰色；繁殖能力最高，为世界猪中最高者（头胎 12.14 头，二胎 14.48 头，三胎以上 15.83 头）。

2. 内江猪

以四川盆地中部的内江市为中心，扩大到资中、间阳、资阳、安岳、威远、隆昌和乐至等县。内江猪被毛全黑，鬃毛粗长，胎均产仔数头胎 9.35 头、二胎 9.83 头、三胎以上 10.40 头。

3. 荣昌猪

品种形成明末清初，已有 300 年以上历史，主产于四川盆地东南部荣昌和隆昌两县，分布附近 10 余县市。除两眼四周或头部有大小不等的黑斑外，均为白色。胎均产仔数初产 8.56 头、经产 11.7 头。

4. 金华猪

产地浙江省金华地区的东阳县，分布浦江、义乌、金华、永康等县。当地养猪历史悠久，但过去由于交通不便，活猪及鲜肉只限于当地销售，因气候温暖潮湿，肉易变质，故创造了肉品加工腌制方法，以金华火腿著名。金华猪毛色中间白、两头黑。即头颈和臀尾为黑皮黑毛，体躯中间为白皮白毛，因此，也有两乌猪之称。胎均产仔数：头胎 10.5 头、二胎 12.25 头、三胎以上 13.78 头。

5. 民猪

由山东、河北移民将当地猪带至东北与原产于东北的本地猪杂交，经长期选育逐渐形成。原产于东北和华北地区。被毛全黑，毛密而长，猪鬃较多。胎均产仔数：头胎 11.04 头、二胎 11.48 头、三胎 11.93 头、四胎以上 13.54 头。

（二）中国猪培育品种

1. 哈尔滨白猪

主产区在黑龙江省南部和中部地区。最早用俄国猪杂交，以后又引入大约克夏、巴克夏与当地猪杂交，形成白色杂种猪群。1958 年从苏白公猪回交的二代杂种猪中选育形成。该品种体型较大，两耳直立，颊面微凹，背腰平直，腹大不下垂，腿臀丰满，四肢强健，体质结实，毛白色。成年公猪、母猪体重分别为 222 千克和 176 千克，胎均产仔数初产 9.4 头、经产 11.3 头，日增重约为 587 克，瘦肉率 45.05%。其优点是耐寒，耐粗饲，肥育期生长快，繁殖性能好，但外观特征变异大，脂肪偏多。

2. 北京黑猪

产于北京双桥农场和北郊农场，分布于京郊各区县，是由巴克夏、中约克夏、苏联大白猪、新金猪、吉林黑竹猪、高加索猪等与华北型的本地民猪进行广泛杂交猪群中，选留黑色种猪培育而成。其体质结实，结构匀称，头大小适中，两耳向前上方直立或平伸，面微凹，额较宽、背腰较平直且宽，四肢健壮腿臀较丰满，全身被毛黑色。成年公猪、母猪体重分别为 362 千克和 220 千克，经产母猪胎均产仔 11.52 头，日增重约为 610 克，瘦肉率 51%。其优点是体形较大，与长白、大约克夏和杜洛克猪杂交效果良好，但瘦肉率不高，体型一致性稍差。

3. 上海白猪

产于上海市郊的上海和宝山两县。鸦片战争后，由于外侨带来一些白色猪与当地太湖猪经过长期无计划的复杂杂交形成的白色杂种猪群，新中国成立后，曾引入中约克夏猪和苏白猪血缘经多年选育形成。其体型中等偏大，体质结实，头面平直或微凹，耳中等大略向前倾，背宽，腹稍大，腿臀丰满，被毛白色。成年公猪、母猪体重分别为

258 千克和 177 千克，经产母猪胎均产仔 12.93 头，日增重约为 615 克，瘦肉率 52％。其优点是瘦肉率较高，生长较快，产仔较多。但部分个体后腿欠丰满，青年母猪初配较难掌握。

(三)国外引入品种

1. 巴克夏猪

原产于英国巴克郡和威尔郡。1860 年成为品质优良的脂肪型猪，1900 年德国人曾输入巴克夏猪到我国，饲养于青岛一带。20 世纪 60 年代引进的巴克夏猪体型已有改变，体躯稍长而膘薄，趋向肉用型。

外形特征：耳直立稍向前倾，鼻短、微凹，颈短而宽，胸深长，肋骨拱张，背腹平直，大腿丰满，四肢直而结实。毛色黑色有"六白"特征，即嘴、尾和四蹄白色，其余部位黑色。

生产性能：产仔数 7～9 头，初生重 1.2 千克，60 天断奶重 12～15 千克。肉猪体重由 20 达到 90 千克的日增重为 487 克，每千克增重耗混合精料 3.79 千克。成年公猪体重 230 千克，成年母猪 198 千克。

优缺点：体质结实，性情温驯、沉积脂肪快，但产仔数低，胴体含脂肪多。

巴克夏猪输入我国已有九十多年历史，经长期饲养结果，在繁殖力、耐粗饲和适应性方面都有所提高。用巴克夏公猪与我国本地母猪杂交，体型和生产性能都有明显的改善。但瘦肉率和饲料利用率稍低，其杂种猪在国内山区仍受群众喜爱。

2. 约克夏猪

原产于英国北部的约克郡及其邻近地区。1852 年正式确定为品种，后逐渐分化出大、中、小三型，并各自形成独立的品种，大型的称大白猪，中型的称中白猪，小型的称小白猪。我国于 1900 年引入中约克夏猪，由德国侨民带到张家口、青岛一带饲养，以后又陆续由国外输入；最早引入大约克夏猪是 1936－1938 年。小型约克夏猪因不适合生产需要，已被淘汰。中约克夏猪以其良好的耐粗饲性和肉脂兼用的胴体品质，一度深受华中和华东农村欢迎，但由于它体型较小、生长缓慢、饲料报酬低、脂肪比例高，随着生猪养殖规模化，也几乎逐渐淘汰，这里重点介绍大约克夏（大白猪）。

大约克夏猪是世界上著名肉用型品种之一，其全身白色，耳小直立，体躯呈方砖形，头短宽稍凹，颈短，背腰宽，四肢短而强健。

生产性能：产仔数 11～13 头，初生重 1.4 千克，60 天断奶重 18 千克。成年公猪体重 300～370 千克、母猪体重 250～330 千克，日增重 680～740 克，瘦肉率 60％～65％，每千克增重耗混合精料 2.9～3.3 千克。

大白猪繁殖力强，在现代商品猪生产中常作为母本。缺点是后备猪发情不明显，初配受胎率较低。

3. 长白猪

原名兰特瑞斯猪，产地为丹麦；由于其体躯长、毛色全白，故在我国通称为长白猪。它是在 1887 年用英国大白猪与丹麦本地猪杂交选育成的瘦肉型猪。目前，在欧美及日本等国分布很广。我国在 1964 年开始从瑞典、英国、荷兰等国引入多批，在我国分布广泛。外貌特征：头小颈短，嘴筒直，耳大向前倾，体躯特别长，体长与胸围比例约为10：8.5，后躯特别丰满，背腰平直，稍呈拱形，皮薄，被毛白色而富于光泽。

生产性能：产仔数 11 头，初生重 1.4 千克，60 天断奶体重 18 千克。生后 175 天肉猪体重达 90 千克，日增重 718～724 克，料肉比 2.91，背膘厚 2.1～2.8 厘米，瘦肉率 63％～64.5％。长白猪肋骨多达 17 对（一般猪为 14～15 对）。

长白猪具有生长快、饲料利用率高，瘦肉率高等特点，而且母猪产仔较多，奶水较足，断奶窝重较高。引入我国后，经过三十年的驯化饲养，适应性有所提高，分布范围遍及全国。但体质较弱，抗逆性差，易发生繁殖障碍及裂蹄。在饲养条件较好的地区以长白猪作为杂交改良第一父本，与地方猪种和培育猪种杂交效果较好。

4. 杜洛克猪

杜洛克猪是在 1860 年在美国东北部育成的。它的主要亲本是纽约州的杜洛克猪和新泽西州的泽西红毛猪，原来为脂肪型，后来改良成瘦肉型猪。

外貌特征：全身被毛为棕红色。头轻小而清秀，耳中等大小，耳根稍立，中部下垂，略向前倾。嘴略短，颊面稍凹，体高而身较长，体躯深广，肌肉丰满，背呈弓形，后躯肌肉特别发达，四肢粗壮结实。

生产性能：产仔数平均 9.78 头，繁殖力稍低，但母性好，性情温和，生长快，生后 153 日龄活重可达 90 千克，肥育期间平均日增重在 700 克以上，料肉比 2.91，背膘厚 2.9 厘米，瘦肉率 60％左右，成年公猪体重 340～450 千克，母猪 300～390 千克。

其优点是体质强健，生长快，饲料利用率高。用杜洛克猪作终父本时，杂交效果良好。

5. 斯格猪

原产于比利时，是由比利时长白、英系长白、荷系长白、法系长白、德系长白及丹麦长白猪育成。斯格猪的胴体瘦肉率高达 63%～65%，是专门化品系杂优成的超瘦肉型猪。该种猪于 1981 年开始从比利时引入中国的深圳。

外貌特征：斯格猪的外貌特征与长白猪极为相似，毛色全白，耳长大，前倾，头肩较轻，体躯较长，后腿和臀部肌肉十分发达，四肢比长白猪粗短，嘴筒也不像长白猪那样长。父系种猪背呈双脊，后躯及臀部肌肉特别丰满，呈圆球状。种猪性情温顺。

生产性能：斯格猪生长迅速，4 周龄断奶重 6.5 千克，6 周龄 10.8 千克，10 周龄体重达 27 千克，170～180 日龄体重可达 90～100 千克，肥育期日增重 607 克。初生至上市体重 100 千克，饲料报酬为(2.85～3):1。

初产母猪产活仔数平均 8.7 头，初生体重平均 1.34 千克。经产母猪产仔数 10.2 头，仔猪成活达 90%。屠宰率高达 77.22%，胴体性状极佳，背膘厚 2.3 厘米，皮厚 0.21 厘米，后腿比例 33%～22%，花板油比例 3%～05%，瘦肉率 60% 以上。

斯格猪引进后经风土驯化和选育，生产性能和适应性均有提高。引入初期，其父系猪肌肉特别发达，较易发生应激综合征，呈现肌肉僵直、皮肤发绀、呼吸困难、心脏衰竭而突然死亡，经选育和风土驯化近年已有很大改善。

6. 皮特兰

皮特兰猪原产于比利时的布拉帮特省，是由法国的贝叶杂交猪与英国的巴克夏猪进行回交，然后再与英国的大白猪杂交育成的。主要特点是瘦肉率高，后躯和双肩肌肉丰满。

其毛色呈灰白色并带有不规则的深黑色斑点，偶尔出现少量棕色毛。头部清秀，颜面平直，嘴大且直，双耳略微向前；体躯呈圆柱形，腹部平行于背部，肩部肌肉丰满，背直而宽大。

在较好的饲养条件下，皮特兰猪生长迅速，6月龄体重可达90～100千克。日增重750克左右，饲料报酬为2.5～2.6：1，屠宰率76%，瘦肉率可高达70%，是目前世界上胴体瘦肉率最高的猪种。

母猪母性较好，不亚于我国地方品种，仔猪育成率在92%～98%。母猪的初情期一般在190日龄，发情周期18～21天，每胎产仔数10头左右，产活仔数9头左右。公猪达到性成熟就有较强的性欲，且容易采精调教。

由于皮特兰猪产肉性能高，受到越来越多养殖户、养殖场的青睐，多用做父本进行二元或三元杂交。其缺点是产仔数偏低，具有高度的应激敏感性，劣质肉（PSE肉）发生率较高，一般将其作父本与抗应激品种杂交，生产商品猪。

二、猪的杂交利用

现代生猪生产普遍利用杂种优势原理，通过二元杂交、三元杂交，将遗传上不同的品种或品系的个体相互交配，杂种后代用作商品育肥猪。其优点是充分利用杂交母本在生活力与繁殖力上的性状和优势，同时充分体现出父本的某些有效经济性状（如饲料报酬高、瘦肉率高等），从而获得更高经济价值。

目前，规模化养猪场推广"洋三元"杂交组合，这里着重介绍一下"杜长大"组合，即：杜洛克(♂)×[长白猪×大白猪]。

杜长大生长快，饲料转化率高。肥育期平均日增重750克以上，料肉比(2.5～3.0)∶1。成年公猪体重为340～450千克，母猪300～390千克。从出生起，到170天体重即可达到100千克。屠宰率为75%，胴体瘦肉率61%～64%，肉质优良，肌内脂肪含量高达4%以上。杜长大猪适应性好，无PSE肉应激现象，耐粗性能强，易饲养管理，广泛适合于工厂化养猪和农户饲养。

第三节 猪的繁殖输精技术

一、公猪的繁殖生理

(一)初情期及适配年龄

(1)初情期。初情期是指育成公猪射精后，其射出的精液中，精子活率达10%、有效精子数为5 000万个时的年龄称为初情期，初情期往往晚于第一次射精的年龄。公猪的初情期略晚于母猪，一般为6～7个月。公猪初情期的早晚受多重因素影响，如遗传、营养及环境因素等。

(2)公猪的适配年龄。公猪的适配年龄因品种、个体、气候、饲养管理等条件的不同而有差异。公猪的适配年龄，不能简单地根据年龄来推算，主要根据其精液品质来确定，只有精液品质达到了交配或输精的要求，才能确定其适配年龄。一般情况下，公猪最适宜的初配年龄为：小型早熟品种8～10月龄，体重60～70千克；大中型品种10～12月龄，体重 90～120 千克，占成年体重的 50％～60％时为宜。

（二）种公猪的利用强度

种公猪的利用一定要适当，如果公猪利用过度，不仅会明显地降低精液品质，而且还影响公猪的体质，甚至失去种用价值。公猪若长期不配种，得不到异性刺激可导致性欲减退，精液品质下降，严重的造成性器官萎缩。2 岁以上的壮龄公猪最好一天配种一次，应在早晨进行；必要时一天可配 2 次，早晚各一次。公猪每配种 5～7 天休息 1 天。幼龄小公猪应 2～3 天配种一次，本交配种标准规定每头公猪只能负担 25～30 头母猪的配种任务。人工输精每头公猪可负担 500～1000 头母猪的配种任务，采精的时间以连续 2～3 天后休息 1 天为宜。

二、母猪的繁殖生理

（一）初情期及适配年龄

（1）初情期。初情期是指正常的青年母猪达到第一次发情排卵的月龄。母猪的初情期一般为 5～8 月龄，平均为 7 月龄。母猪达到初情期已经初步具备了繁殖力，但是母猪身体发育还未成熟，体重仅为成年体重的 60％～70％，如果此时配种，就会导致母体负担过重，不仅窝产仔少，初生重低，同时还可能影响母猪今后的繁殖，因此严禁在此时配种。

影响母猪初情期的主要因素有：一是遗传因素，主要表现在品种上，一般体型较小的品种较体型大的品种到达初情期的年龄早；近交推迟初情期，而杂交则提早初情期；二是管理方式，如果使母猪在接近初情期与性成熟的公猪接触，则可以使初情期提前；此外，营养状况、舍饲、畜群大小和季节都对初情期有影响，例如：一般春夏季节比秋冬季节母猪初情期来得早。我国的地方品种猪初情期普遍早于引进品种，因此，在管理上要有所区别。

（2）适配年龄。由于初情期受品种、管理方式、营养状况、季节等诸多因素影响而出现较大差异，因此，一般以初情期过后间隔一个或两个情期配种为宜，即初情期后 1.5～2 个月的年龄，为适配年龄。按品种来分，地方品种猪的初配年龄为生后 6～8 月龄，体重达 50 千克以上，最好在 75 千克以上，引进品种、培育品种及杂交种的初配年龄为生后 8～10 月龄，体重达 80 千克以上，最好在 100 千克以上。

（二）发情周期

青年母猪初情期后未配种则会表现出特有的性周期活动，这种特有的性周期活动称为发情周期。通常将从上一次发情的开始至下一次发情开始之间的时间间隔，作为一个发情周期。母猪初次发情，发情周期不规律，经过几个情期后，就比较有规律了。母猪的正常发情周期为 20～22 天，平均为 21 天，但有些特殊品种是有差异的，如我国的小香猪发情周期仅为 19 天。一个发情周期又分为发情持续期和休情期两个阶段。

（1）发情持续期。指从发情开始到本次发情结束所持续的时间。母猪发情持续期为 2～5 天，平均 2.5 天。但发情持续期因季节、品种、年龄而有所不同。一般春季发情持续期稍短，秋季则稍长；老年母猪发情持续期稍短，青年母猪则稍长。母猪在哺乳期发情一般不太规律，发情不明显，持续期也短。因此在生产中，母猪在哺乳期间即使发情也不配种。但在仔猪断奶后，多数母猪在 3～10 天内就出现发情。

（2）休情期。指本次发情结束至下次发情开始之间的一段时间。在休情期内，母猪发情征状完全消失，恢复到正常状态。

（三）发情征状

母猪发情后，由于体内生殖激素的作用，表现出一系列的生理变化。发情初期，母猪表现主动吸引公猪，但拒绝与公猪交配。阴门肿胀，为粉红色，并排出有云雾状的少量黏液，随着发情的持续，母猪主动寻找公猪，表现出兴奋、极度不安，对外界刺激十分敏感。当母猪进入发情旺盛时期，在圈舍内来回走动、爬圈，除阴门红肿外，背部僵硬，并发出特征性鸣叫。接受其他母猪的爬跨；当有公猪时立刻站立不动，若按压其背腰部时，出现"静立反射"或"压背反射"，这是准确确定母猪发情的一种方法。

（四）发情鉴定

做好母猪的发情鉴定，其目的是为了预测母猪排卵时间，以便根据排卵时间而准确确定输精或者交配时间。其方法有以下几种。

（1）直接观察法。根据母猪阴门及阴道的红肿程度、对公猪的反应等可检出，一般地方品种或杂种母猪发情表现比高度选育品种更加明显。在规模化养猪场常采用有经验的试情公猪进行试情，如发现母猪呆立不动，再结合按压背腰部，出现"压背反射"，就可确定母猪是真正发情。

（2）外激素法。采用人工合成的雄性激素，直接喷洒在被测母猪鼻子上，如果母猪出现呆立、压背反射等发情特征，则确定为发情。此法简单，避免了驱赶试情公猪的麻烦，特别适用于规模化养猪场。

（3）其他方法。一是采用播放公猪鸣叫录音，观察到母猪对叫声反应敏感、兴奋，在结合阴道的红肿变化程度即可确定；二是采用计算机的繁殖管理，做好母猪的配种记录，据此确定每天可能出现发情的母猪进行重点观察，不仅大大降低了管理人员的劳动强度，同时也提高了发情鉴定的准确程度。

（五）排卵时间及适时配种

（1）排卵时间。母猪是多胎动物，在一次发情中要多次排卵，所以，母猪排卵持续时间较长。一般排卵时间，是在发情开始后的 24～42 小时（有的长达 70 小时），排卵持续时间为 10～15 小时（有的长达 45 小时）。母猪排卵最多时是出现在母猪开始接受公猪交配后 30～36 小时，如果从开始发情，即外阴唇红肿算起，在发情 38～40 小时之后。

母猪排卵时间受年龄的影响较大。一般老年母猪在发情的当天就能排卵；中年母猪排卵时间在发情开始后的第 2 天；小母猪排卵时间在发情开始后的第 3 天。俗话说"老配早，少配晚，不老不少配中间"。

母猪排卵时间受品种的影响也较大。一般我国地方品种母猪，排卵时间在发情开始后的第 2～3 天；培育品种，排卵时间在发情开始后的第 2 天；杂种母猪，排卵时间在发情开始后的第 2 天下午到第 3 天上午。母猪的排卵数与品种也有着密切的关系，一般在 10～25 枚。排卵还受胎次、营养状况、环境因素及产后哺乳期长短等影响。据报道，母猪从初情期开始，头 7 个情期，每个情期大约可以提高一个排卵数，而营养状况好则有利于增加排卵数，产后哺乳期适当且产后第一次配种时间长也有利于增加排卵数。

（2）适时配种。精子在母猪生殖道中保持受精能力时间20～30 小时，卵子保持受精能力时间 6～18 小时。精子存活时间比卵子时间长，这就决定了只能让精子等着卵子，因此，必须提前输精，即在排卵前的 2～4 小时配种，也就是发情后的 22～34 小时交配为适宜期。在实际生产中，人们不能观察到排卵情况，但可用以下方法判断交配适宜期：饲养人员用手按压发情母猪的背部或臀部，母猪呆立不动；或用试情公猪来爬跨母猪，母猪站立不动，即为适时交配期。

（六）产后发情和发情异常

（1）产后发情。是指母猪在分娩后的第一次发情。母猪一般在分娩后的 3～6 天出现发情，但发情征状不规则，并不排卵。在仔猪断奶后的 1 周左右，母猪再次出现发情，这次为正常发情，可以配种受孕。如果母猪所哺育的仔猪死亡或寄养给其他母猪哺育而提前断奶时，母猪亦可在断奶后的数天内正常发情。

（2）母猪发情异常。母猪多见的异常发情是安静发情和孕后发情。

①安静发情：又称隐性发情，所谓隐性发情是指母猪在一个发情周期内，卵泡能正常发育而排出，但无发情征状或发情征状不明显，而失掉配种机会。对隐性发情的母猪，一定要加强在日常饲养管理中的观察、凭借经验亦可观察，或借助试情公猪试情鉴定。

②孕后发情：是指母猪在妊娠后的相当于一个发情周期的时间内又发情，这种发情的征状不规则，也不排卵，故又称"假发情"。假发情的母猪一般不接受交配，如果强

行配种，可造成早期流产。

（七）促进母猪发情排卵的措施

促进母猪正常发情的基本措施有：一是加强配种前母猪的饲养管理，使其保持七八成膘情；二是对断奶后母猪体况瘦弱的，进行"短期优饲"，提高日粮中粗蛋白质水平，供给充足的维生素、钙、磷和其他矿物质，使其体况迅速恢复。

为提高母猪产仔数，或使不发情的母猪和屡配不孕的母猪正常发情，还可采取以下催情措施。

（1）仔猪提前断奶。采取仔猪提前断奶的措施，可使母猪在断奶后的1周左右出现正常发情，使母猪早配种，缩短繁殖周期。

（2）并窝和控制哺乳时间。并窝是将产仔少的母猪所产仔猪并为一窝，让一头哺育力强的母猪哺育，其余不哺育仔猪的母猪可以提前发情配种。控制哺乳时间的方法是在仔猪开食后，采取母子隔离措施，控制哺乳次数，可使母猪提前发情。

（3）诱情。对不发情母猪，用试情公猪与之同关一圈内，或用试情公猪追逐不发情母猪，在公猪的刺激作用下可以诱发母猪发情。

（4）激素催情。对不发情母猪可以用孕马血清、绒毛膜促性腺激素等性腺激素催情。

（5）同期发情。同期发情的方法：一是对一群经产母猪同一时间内断奶，造成天然的同期发情；二是在使一群母猪在同期断奶后，同时给每头母猪注射孕马血清750～1 500国际单位，可以提高效果。如在注射孕马血清的同时（或3～4天以后），再注射绒毛膜促性腺激素500国际单位，效果更佳。另外，在仔猪断奶当天对母猪肌肉注射孕马血清 1 200～2 000 国际单位，3～5 天内发情率可达 90％。

三、猪 的 配 种

(一)配种方式

按照母猪在一个情期内的配种次数，配种方式如下。

(1)单次配种。在一个发情期内，只用一头公猪(或精液)交配一次。用此法应在有经验的饲养人员掌握下，抓住配种适期配种，可获得较高的受胎率，并能减轻公猪的负担，提高公猪的利用率。缺点是：一旦适宜配种期没掌握好，受胎率和产仔率都受到影响。

(2)重复配种。在一个发情期内，用一头公猪(或精液)先后配种 2 次。即在第一次交配后，间隔 8～24 小时再用同一头公猪配第 2 次。这种方式比单次配种受胎率和产仔率都高。因这种方式使先后排除的卵子都能受精。故在生产中，对经产母猪都采用这种方式。

(3)双重配种。在一个发情期内，用同一品种或不同品种的两头公猪(或精液)，先后间隔 10～15 分钟各配一次。这种方式可提高受胎率、产仔数以及仔猪整齐度和健壮程度。此种方式适用于商品肉猪场。

(4)多次配种。在一个发情期内，用同一头公猪(或精液)先后配种 3 次或 3 次以上。3 次交配适合于初配母猪或某些刚引入的国外品种。试验证明，在母猪的一个发情期内，配种 1～3 次，产仔数随配种次数的增加而增加；但配种超过 4 次以上，产仔数反而下降，其原因是：配种次数过多，会造成公、母猪过于疲劳，从而影响性欲和精液品质，使精液变稀、精子发育不成熟、精子活力差。

总之，在生产中，初配母猪在一个发情期内配种 3 次，经产母猪配种 2 次，受胎率和产仔数均较高。

（二）配种方法

配种方法有自然交配（本交）和人工授精两种。本交又分为自由配种和人工辅助配种。生产中多采用人工辅助配种。

人工辅助配种交配场所应选择远离公母猪圈舍，安静而平坦的地方。交配应在公母猪饲喂前后 2 小时进行。配种时先把母猪赶入交配地点。用毛巾蘸 0.1% 的高锰酸钾溶液，擦拭消毒母猪臀部、肛门和阴户，然后赶入公猪。当公猪爬上母猪背部后，可用毛巾蘸上述消毒液擦拭公猪的包皮周围，然后把母猪的尾巴拉向一侧，使阴茎顺利地插入母猪阴道中，必要时可用手握住公猪包皮引导阴茎插入母猪阴道。母猪配种后要回原圈休息，但注意不要驱赶过急，以防精液倒流。交配完毕，禁止让公猪立即下水洗澡或倒卧在阴湿地方。如遇风雨天交配宜在室内进行，夏天宜在早晚凉爽时进行。如果公母猪体格大小相差较大，交配场地可选在一斜坡或使用配种架。

四、猪的人工输精技术

（一）猪人工输精的优越性

（1）提高种公猪的利用率。本交 1 头公猪 1 次只能配 1 头母猪。公猪 1 次采精量 200 毫升，若稀释 3 倍，即得 600 毫升稀释精液，一般母猪的正常输精量为 30 毫升，可同时输精给 20 头母猪。

（2）扩大种公猪的利用范围。公、母猪之间体重大小相差悬殊时，本交不易成功，人工输精不受限制；公、母猪异地饲养，本交不宜进行，但采用人工输精就很方便。根据目前的技术水平，在一般条件下猪精液可保存 48～72 小时，只要在这段时间内给母猪输精均可受胎。

(3)充分发挥优良公猪的作用。同一头母猪用不同公猪交配，其生产性能可相差 20%～30%。采用人工授精可充分发挥优良公猪的作用。

(4)有利于防疫。本交时，公猪要和很多母猪交配，只要交配 1 头带有疫病的母猪，就可导致疾病蔓延，采用人工授精即可避免。

(二)人工授精所需器材设备

(1)仪器设备。包括显微镜、天平、血球计数器、电冰箱、广口保温瓶、高压灭菌器、蒸馏器等。

(2)器材。需要假阴道、输精器、集精瓶、贮精瓶、载玻片、玻璃器皿、玻璃棒、烧杯、漏斗、量筒、镊子、剪刀、洗涤用桶、盆、试管刷、注射器、纱布、毛巾、脱脂棉、胶靴、工作服、胶手套等。

(3)药物试剂。葡萄糖、柠檬酸钠、青霉素、高锰酸钾、酒精、来苏尔、碘酊、甘油、氯化钾、磷酸钠、碘胺酚、蒸馏水等。

(三)采精

为采取公猪精液要制作一个假母猪，还要训练公猪爬跨母猪，输精员要学会手工采精方法。

(1)假台猪的制作方法。用一直径 20 厘米、长 110～120 厘米的圆木，两端削成弧形，再装上腿，要求假母猪前躯高 45～55 厘米，后躯高 55～65 厘米，埋入地中固定。在圆木上铺一层稻草，再覆盖一张熟过的猪皮，前后高度差10厘米即可。

（2）公猪的训练。调教公猪爬跨假母猪的方法：第一，用发情母猪的尿液或阴道里的黏液，最好是取到刚与公猪交配过的发情母猪阴道里的黏液，或是从阴门里流出来的公猪精液和胶状物，涂抹在假母猪的后躯上，引诱公猪爬跨；第二，将发情母猪赶到假母猪旁，使其爬跨母猪，待公猪性欲达到高潮时将母猪赶走，再引诱公猪爬跨假母猪；第三，用一头发情小母猪绑在假母猪的后躯下面，引诱公猪爬跨。当公猪爬跨假母猪后及时采精，如此反复几次，巩固其建立起来的条件反射。

（3）采精操作技术。采精宜在室内进行（将假母猪安置在室内）。要求采精室清洁无尘，安静无干扰，地面平坦不滑。夏季采精适宜早晚进行。冬季寒冷，要使室内温度保持在15℃左右，集精杯用保温杯为好，以防止精液因冷却或多次重复升温、降温而降低精子的活力。

采精前，集精杯要煮沸消毒，然后烘干或用稀释液冲洗，杯口覆盖两层消毒过的纱布。假母猪及公猪的阴茎包皮、腹下等处，要用0.1%的高锰酸钾水溶液擦洗干净。采精员要修剪指甲，洗净手，并用70%的酒精棉球彻底消毒。待酒精挥发后，即可采精。

采精多采用徒手采精法，当公猪爬上假母猪后，采精人员可蹲在假母猪右（左）后侧，等公猪抽动几次、阴茎挺出后，采精人员迅速以右（左）手（手心向下）握住阴茎，以拇指顶住阴茎龟头。握的松紧以阴茎不致滑脱为好。然后，用左（右）手拇指轻微拨动龟头，其他手指则一紧一松有节奏地协同动作，使公猪有与母猪自然交配的快感，促使其射精。公猪开始射出的精液多为精清，且常混有尿液及脏物，不宜收集。待射出较浓稠的乳白色精液时，立刻用右（左）手持集精杯，在稍离开阴茎头处将射出的精液收集于集精杯内。并用左（右）手拇指随时拔除公猪排出的胶状物，或用持杯手的食指从过滤纱布上将胶状物拔除，以免影响精液滤过。公猪射完1次精后，可重复上述手法促使公猪第2次射精。公猪一般在1次采精过程中可射精3～4次。待公猪射精完毕后，采精员应顺势用左（右）手将阴茎送入包皮中，并把公猪轻轻地从假母猪上赶下来。采精员在采精过程中要注意安全，防止被公猪咬伤、踩伤和压伤。

（四）精液品质的检查

采集精液后应及时送到实验室对精液进行处理和质量评定，以确定精子是否可用于授精。公猪的精液中含有25%～50%的胶状物，采精后应及时用多层纱布尽快将其过滤掉，否则这些胶体会吸附液体和精子，使精液的体积很快减少，同时精子数目也会减少。把采取的精液放置于15～20℃的室内，将集精杯迅速置于30～35℃的温水盆中，并立即进行评定。精液品质通常评定数量、气味、颜色、精子形态、密度和活力6项指标。

（1）数量。将精液倒入量杯中，测定数量。公猪一般1次采精量为200～250毫升，多者达500毫升以上。

（2）气味。正常精液有腥味；有臭味的精液禁用，应废弃。

（3）颜色。正常精液为乳白色或灰白色；其他的淡黄色或淡红色为异常，应废弃。

（4）pH值。新鲜的猪精液呈弱碱性，pH值为7.5（7.3～7.9），pH值偏低的精液品质较好。

(5)精子形态。在显微镜下检查精子的形态及头部、尾部的损伤等情况。正常精子像蝌蚪状，如看到双头、双尾和无尾精子数超过20％时，精液应废弃。

(6)密度。精子密度分为密、中、稀、无4级。在显微镜的视野中，精子间的空隙小于1个精子者为密级，1～2个精子者为中级，2～3个精子者为稀级，无精子者应废弃。

(7)活力。精子活力的评定在显微镜下靠目力估测，一般采取10级制评分法。直线运动的精子占100％则评为1分，90％评为0.9分，80％评为0.8分，以此类推。正常情况下用于输精的精子活力一般不宜低于0.7分。活力低于0.5分者废弃。但须注意，估测时载玻片的温度应在35～38℃。

(8)存活时间。将精液保存在固定的温度37℃或其他温度下，每隔2小时观察一次，并记录此时精子的活率，直至精子全部死亡为止。精子存活时间越长，活率下降越慢，则表明精液品质越好。

(五)精液的稀释

稀释精液的目的是为了增加精液数量，扩大配重数量，延长精子存活时间，便于保存和运输，提高种公猪利用率。

(1)稀释液的配制。常用配方：①葡萄糖柠檬酸钠稀释液：葡萄糖5克、柠檬酸钠0.5克、青霉素和链霉素各5国际单位、蒸馏水100毫升；②奶粉稀释液：奶粉5克、柠檬酸钠0.35克、碳酸氢钠0.12克、乙二胺四乙酸二钠0.35克、青霉素3万国际单位、链霉素10万国际单位、蒸馏水100毫升。上述各稀释液的配制方法：按配方先将糖类、奶粉及柠檬酸钠等溶于蒸馏水中，滤过后蒸汽消毒30分钟，取出凉至38℃以下，加入青、链霉素，搅拌均匀备用。

（2）稀释精液。稀释精液所用器材，都必须经过严格消毒处理；其温度和精液温度要保持一致。使用期先用少量同温度稀释液冲洗一遍。稀释时，将稀释液沿瓶壁徐徐倒入原精液中。精液稀释倍数应根据原精液的品质、配种母猪的头数、是否运输和贮存等而定。最大稀释倍数：密级可稀释 2 倍；中级可稀释 0.5～1 倍；活力不足 0.6 分任何密度级的精液均不宜保存和稀释，只能随取随用。

（六）精液的保存

为了取用方便，将上述稀释好的精液分装在 30～40 毫升（一个输精量）的小瓶内保存。注意：瓶要装满，不留空气，瓶口要封严，保存的环境温度为 15℃左右（10～20℃）。一般保存时间 48 小时左右。如果原精液品质好，稀释、保存等处理过程得当可达 72 小时。

（七）精液的运输

运输精液：将上述分装好的小瓶，包以毛巾、棉纱布或泡沫塑料等物，以免精液在运输中振荡造成精子受伤。外界温度在 10℃以下或 20℃以上时，要用广口保温瓶或保温箱运输。一定要将精液瓶放入保温瓶内，保温瓶内放入 15℃（10～20℃）的温水，以保持精液运输所需的适宜贮存温度，要防止精液温度突然升高或下降。要尽可能缩短精液的运输时间，如长途运输最好用摩托车、汽车或火车，精液的最长运输时间不能超过 48 小时。

（八）输精技术

（1）确定母猪适宜输精期。最可靠的方法是用试情公猪。一般只要母猪接受公猪爬跨即可进行第一次输精。也可用手按压母猪的腰尻部，当母猪反应为站立不动，两耳竖立或颤动，即为输精适宜期。有以下输精方法。

①一次配种。从发情开始算起，应在发情30～36小时以后输精为宜，也就是母猪开始接受公猪交配12～16小时。

②二次配种。由于准确计算出母猪的排卵时间是很不容易的，因此，为防止漏配，多采用两次配种的方法，两次输精间隔时间24小时。第一次配种在母猪接受交配时（在母猪开始发情12～16小时）进行，24小时之后在进行第二次配种。

（2）确定输精量。输精量应根据精子的活力和母猪体重来确定。输精前要再次检查精子活力和给母猪估重。精子活力在0.5分以下的不能输精；活力为0.5～0.6分的精子，每100千克体重输精30～40毫升。

（3）输精前的准备。输精人员洗净手，将30～50毫升玻璃注射器、输精胶管用少量稀释液冲洗一遍；以每2分钟升温1℃的速度把精液升温到35～38℃；用升至相同温度的注射器吸取1头份精液，如果在低温季节，注射器和输精胶管外包以35～38℃的湿毛巾；用0.1%高锰酸钾溶液母猪外阴部。

（4）输精。输精人员一手张开母猪阴门，一手持输精管插入阴道。先向上推进10厘米左右，再向水平方向推进30厘米左右，手感到再不能推进时，便可缓慢地注入精液。如果发现精液逆流，可暂停一下，活动输精管，再继续注入精液，直至输完，再缓慢抽出输精胶管。为避免精液逆流，在输精过程中可按压母猪腰部，也可在输精结束时突然拉一下母猪的后腿或猛拍一下后尻部。如果逆流严重，应立即补输。输精后的母猪不能急赶，应缓慢行走，最好送单圈休息。为了保证受胎率，一个情期应输精两次，间隔 12～24 小时。

五、猪的妊娠与分娩

(一)妊娠诊断

认真及时做好母猪的妊娠诊断，对未孕的母猪及时补配，以提高母猪的繁殖率。妊娠诊断方法有如下几种。

(1)观察法。外观查看配种后的母猪，不再发情就确认为已妊娠。但实际上并不是所有不返情的母猪都一定妊娠，个别母猪因激素分泌紊乱、子宫疾病等都有可能引起不返情。因此，观察法不够准确，但此法简单易行，是最常用的妊娠诊断方法。

(2)直肠检查法。对于体型较大的经产母猪，通过直肠用手触摸子宫动脉，如果有明显波动则确认为妊娠，一般妊娠后 30 天可检出。但此法只适用于体型较大的母猪，有一定的局限性。

(3)激素测定法。对于配种后的母猪，在第 19～23 天采集血样，测定母猪血浆中孕酮或胎膜中硫酸雌酮的浓度来判断母猪是否怀孕。如果测定的值较低则说明没有妊娠，如果明显高，则说明已经妊娠。

(4)超声波测定法。采用超声波妊娠诊断仪对母猪腹围进行扫描，观察胚胞液或心动的变化，用此法对配种后 28 天的母猪有较高的检出率，可直接观察到胎儿的心动。因此，不仅可以确定妊娠，而且还可以确定胎儿的数目以及胎儿的性别。用此法诊断，准确率一般在 80%～95%。

(二)仔猪的分娩

(1)妊娠期及预产期的推算。猪的妊娠期一般为 111～

119 天，平均为 114 天，不同的品种可能略有差异。一般一胎怀仔猪较多的母猪，妊娠期较短，反之较长。根据妊娠期可推算预产期，方法是：用配种月份加 4，日期减 6，再减大月数，过 2 月加 2 天的方法推算。利用速查表可以直接查出预产期。

(2)分娩征兆。在分娩前 3 周，母猪腹部急剧膨大而下垂，乳房迅速发育、膨胀渐趋明显，产前 3 天乳房潮红加深，两侧乳房膨胀而外张。产前 3 天左右，可以在中部两对乳头挤出少量清亮液体；产前 1 天，可以挤出 1～2 滴初乳；产前半天，可以从前部乳头挤出 1～2 滴初乳。如果能从后部乳头挤出 1～2 滴初乳，而能在中、前部挤出更多的初乳，则表示在 6 小时左右即将分娩。

分娩前 3～5 天，母猪外阴部开始发生变化，其阴唇逐渐柔软、肿胀增大、皱褶逐渐消失，阴户充血而发红，骨盆韧带松弛变软，有的母猪尾根两侧塌陷。临产前，子宫栓塞软化，从阴道流出。在行为上母猪表现不安，时起时卧，在圈内来回走动，但其行动谨慎缓慢，待到出现衔草做窝、起卧频繁、频频排尿等行为时，分娩即将在数小时内发生。

(3)分娩过程。一般分为 3 期，第 1、第 2 期之间没有明显界限。重要的是应该掌握住在正常分娩情况下，第 1 期和第 2 期母猪的表现和两期所需的时间，以便确定是否发生难产。一般来说，在分娩未超过正常所需时间之前，不需人工帮助，但在超过正常分娩所需时间之后，就要采取助产措施，帮助母猪排出胎儿。

第 1 期，为开口期。本期从子宫开始收缩，至子宫颈完全张开。母猪喜在安静处时起时卧，稍有不安，尾根举起常作排尿状，衔草做窝。

在开口期母猪子宫开始出现阵缩，初期阵缩持续时间短，间歇时间长，一般间隔 15 分钟左右出现一次，每次持续约 30 秒。随着开口期的后移，阵缩的持续时间延长，间歇期缩短，而且阵缩的力量加强，至最后间隔数分钟出现一次阵缩。子宫的收缩呈波浪式进行，由子宫颈尖端逐渐向子宫体移动。阵缩力压迫胎膜胎水，迫使其移向子宫颈内口；随着胎衣胎水不断流入子宫颈管，迫使子宫颈管逐渐张开，直至与阴道界限消失。穿过子宫颈管的胎水压迫胎膜，造成胎膜破裂，一部分胎水流出。开口期所需时间 3～4 小时。

第 2 期，胎儿娩出期。本期从子宫颈完全张开至胎儿全部娩出。母猪表现起卧不安，前蹄刨地，低声呻吟，呼吸、脉搏加快。最后侧卧，四肢伸直，强烈努责，迫使胎儿通过产道排出。

在开口期，子宫继续收缩力量比前期加强，次数增加，持续期延长，间歇期缩短，同时腹壁发生收缩。阵缩和努责迫使胎儿从产道娩出。当第 1 个胎儿娩出后，阵缩和努责暂停，一般间隔 5～10 分钟后，阵缩和努责再次开始，迫使第 2 个胎儿娩出。如此反复，直至最后一个胎儿娩出为止。胎儿娩出期的时间为 1～4 小时。

第 3 期，胎衣排出期。本期从胎儿完全排出至胎衣完全排出。当母猪产仔完毕后，表现安静，阵缩和努责停止。休息片刻之后母猪开始闻嗅仔猪。不久阵缩和努责又起，但力量较前期减弱，间歇期延长。最后排出胎衣，母猪恢复安静。胎衣排出的时间为 0.5～1 小时。

（三）接助产

（1）产前准备。根据母猪的预产期和临产征状综合预测产期，在产前3～5天做好准备工作。第一要准备好产房，将待产母猪腹部、乳房及阴户周围清洗干净，再用2％～5％的来苏尔溶液消毒，然后移入产房待产。产房要求宽敞，清洁干燥，光线充足，安静无噪音，冬暖夏凉。产房内温度以22～25℃为宜，相对湿度在65％～75％。先清理干净产房，后用3％～5％的石碳酸、2％～5％的来苏尔或3％的火碱水消毒，围墙用20％的石灰乳粉刷，地面铺垫草。冬春季节要做好防风保暖工作。产房内准备好接生时需用的药品、器械及用品，如：来苏尔、碘酊、酒精、剪刀、称、耳标钳、灯、仔猪箱、火炉等。产房内昼夜应有专人值班，防止发生意外事故。

（2）接助产方法。母猪一般是侧卧分娩，个别是伏卧或站立分娩。仔猪娩出时，正生和倒生均为正常生产，不需帮助，让其自然娩出。当仔猪产出时，接产人员用一手提住仔猪肩部、另一只手迅速将仔猪口鼻腔内的黏液掏出，并用毛巾擦净，以免仔猪呼吸时黏液阻塞呼吸道或吸入气管和肺内，引起病变。再用毛巾将仔猪全身黏液擦净，然后在距离仔猪腹部4厘米处用手指掐断脐带，或用剪刀剪断，在脐带断端用5％碘酊消毒。如果断脐后流血较多，可用手指掐住断端，直至不流血为止，或用线结扎断端。做完上述处理后，将新生仔猪放入仔猪箱内。每产一仔，重复上述处理，直至产仔结束。母猪产仔完成后，体力消耗很大，这时可以用麦麸、细米糠等粉状饲料，用温热水调制成稀薄的粥状料，加少许食盐，喂给母猪，可以帮助母猪恢复体力。

母猪产仔完毕休息一段时间后，阵缩和努责又起，预示胎衣将排出。当胎衣排出后应立即拿开，不能让母猪吃掉胎衣，否则在以后的产仔时，养成母猪吃仔猪的恶癖。对排出的胎衣进行检查，如果胎衣完整，胎衣上残留的脐带数与仔猪数相符，表明胎衣全部排出，否则胎衣未完全排出，应及时处理。检查后的胎衣可以洗净后煮熟喂给母猪，既补充了蛋白质，又起到催乳的作用。

（3）假死仔猪的处理。指新生仔猪中已停止呼吸，但仍有心跳的个体，为假死仔猪。对其施以急救措施可恢复其生命，减少损失。方法如下。

①用手捉住假死猪两后肢，将其倒提起来，用手掌拍打假死猪背部，直至恢复呼吸。

②用酒精刺激假死猪鼻部或针刺其人中穴，或向假死猪鼻端吹气等方法，促使呼吸恢复。

③人工呼吸。接产人员左、右手分别托住假死猪肩部和臀部，将其腹部朝上，然后两手向腹中心方向回折，并迅速复位，反复进行，手指同时按压胸肋。一般经过几个来回，可以听到仔猪猛然发出声音，表示肺脏开始呼吸。在徐徐重做，直至呼吸正常为止。

④在紧急情况时，可以注射尼可刹米或用 0.1％肾上腺素 1 毫升，直接注入假死猪心脏急救。

（4）仔猪称重、编号和登记。对新生仔猪出生后就要先称初生重，全窝仔猪初生重的总和为初生窝重。然后对仔猪编号登记，记录个体初生重、初生窝重及个体特征等，便于记载和鉴定。

（5）仔猪产后及时吃初乳。母猪分娩后 3 天内分泌的乳汁，称为初乳，初乳内含有丰富的营养，其蛋白质、维生素、矿物质等均超过常乳，同时还有抗体、酶类和激素等物质，对提高仔猪抵抗力，促进生长发育均有良好作用。初乳中还含有较多的镁盐，可以软化胎粪，促进胎粪的排除。所以，应尽早让仔猪吃上初乳。在母猪产仔结束时，即可哺乳，对产期过长（2小时）的母猪，可以在分娩结束之前让先出生仔猪吃初乳。先用湿毛巾擦洗干净母猪的乳房、乳头，挤掉前几滴初乳后，即可将初生仔猪放在母猪身旁哺乳。

（6）母猪产后的护理。母猪在分娩过程中和产后一段时间内，体力消耗很大，抵抗力又降低，而且生殖器官须经2～8天才能恢复正常，产后3～8天阴道内排除恶露，如管理不当易感染疾病。所以，产后对母猪一定要精心护理，促使母猪尽快恢复正常。首先在母猪分娩结束后，应尽快清洗干净母猪乳房、后躯、尾根和外阴部。第二，及时清扫圈舍，做到清洁卫生，使舍内通风良好，温度适宜、安静无干扰。第三，在饲养方面，先喂给稀薄粥状料，逐步过渡到哺乳期的饲养。第四，对于产后的母猪，要注意细心观察，预防可能出现的如胎衣不下、子宫或阴道脱出、产道感染、少乳、瘫痪、乳房炎等病变，一旦出现异常，应立即采取相应措施，及时解决。

（四）提高母猪繁殖力的措施

（1）遗传。不同品种的猪繁殖力存在着较大的差异，因此在生产中，要选择窝产仔头数较高的品种。

（2）适当控制怀孕母猪营养。在母猪怀孕期应控制能量饲料进食，在泌乳期要适当增加蛋白质等营养，以维持产乳的需要，这样也有利于下一次繁殖。此外，补充一些维生素E、维生素B_2、叶酸、β-胡萝卜素、生物素等对母猪最大限度发挥繁殖潜力极为重要。因此，在生产中如果出现死胎增多或者受胎率突然下降，首先就要考虑营养因素的影响，特别是矿物质及维生素的影响。

(3)加强管理。主要有以下几方面。

①加强卫生管理和防疫灭病。饲养环境卫生是保证猪群良好体况的重要环节，根据需要定期对猪群进行传染病的预防和接种工作，特别是要防止子宫疾病及烈性传染病的发生。搞好猪群圈舍及输精用具的消毒和卫生工作。

②加强饲养管理人员的责任心，树立良好的职业道。创造条件，确保猪群生产条件要求，满足猪只的各种福利待遇，以提高猪只的繁殖力。

③建立好母猪个体的饲养繁殖档案，随时掌握猪群的繁殖情况，及时淘汰有病或繁殖力低的老龄母猪，以确保猪群长期保持在良好的繁殖水平上。

④在配种前，给母猪注射β-胡萝卜素，或补充维生素E和硒，可提高窝产仔。搞好母猪的发情鉴定，适时输精，防止漏配，缩短生产周期。

⑤在母猪妊娠的第15天注射1 500国际单位PMSG(孕马血清促性腺激素)，以提高妊娠母猪胚胎的存活数量。

⑥加强妊娠期母猪的饲养管理，控制好怀孕母猪舍的温度，使其在怀孕的前3周舍内温度一定保持在21~28℃，避免温度过高，造成胎儿死亡率上升。有条件的在怀孕的第三周内每天给母猪注射25毫克孕酮和12.5微克的雌酮，有利于保胎。在怀孕后期，要将母猪置于单圈饲养。做好产房的准备，改进产房设备，防止母猪挤压死仔猪。做到产房内设备适宜、卫生清洁、通风良好。在母猪临产前，要准备好加热灯及保温设备，做好临产准备。

⑦要掌握好断乳至交配的时间间隔，对母猪适时断乳、及时配种，缩短母猪生殖周期间隔。

⑧在母猪断乳后，要引入性成熟的公猪或用公猪外源激素喷洒在母猪鼻子上，有利于母猪恢复发情和提高排卵率。

⑨掌握母猪群适宜的饲养密度及空间，如母猪饲养空间太小则配种率下降；青年母猪群饲养数量最少应在 4 头以上，否则，会使母猪发情表现减弱；另外，仔猪生长到 10 千克时应将公母分开，有利于公猪性欲及母猪的交配行为；在母猪达到初情期之前要引入公猪，可以刺激母猪初情期的提前；母猪交配后应留在原圈舍饲养 4 周以上才能转圈，这样有利于减少环境应激对胚胎造成早期死亡的影响，以便获得更多发育的胚胎，有利于提高窝产仔数。

第四章　种猪的饲养管理

第一节　猪各生产阶段的饲养管理的概述

一、母猪的饲养管理

（一）后备母猪

后备猪是指 70 日龄至初次配种前的猪。培育后备母猪的任务是获得体格健壮，发育良好、具有典型品种特征和高度种用价值的种猪。饲养后备猪有 3 项基本要求：第一，饲养管理条件必须稳定一致，以便在相同条件下进行比较和选择；第二，要求后备猪在 8 月龄时达到配种体重；第三，既要防止饲料太粗、撑大胃肠形成垂腹，又要避免 6 月龄后敞开饲养造成配种前过肥。

在后备猪管理上，首先要做好卫生消毒工作。每日清扫 2 次圈舍，每周消毒 1 次，并作好定期驱虫工作。一般 70 日龄进行第一次驱虫，135 日龄进行第二次驱虫。

此外，还要适度运动，增强体质，做好防寒防暑工作。

做好后备猪的防疫：配前 10 天免疫猪瘟、猪丹毒、猪肺疫；配前 15 天、30 天各免疫一次细小病毒病；配前 25 天免疫伪狂犬病。

（二）空怀母猪饲养管理

（1）养好空怀母猪促进发情排卵。对空怀母猪配前短期优饲，有促进发情排卵和容易受胎的良好作用。

空怀母猪有单栏饲养和群养两种方式。单栏饲养是近年来规模化养猪生产中采用的一种形式，即将母猪固定在栏内实行禁闭式饲养，活动范围很小，母猪的后侧饲养公猪，促进发情。小群饲养是将 4～6 头母猪在同一栏内，可自由活动。群饲空怀母猪可促进发情，群内发情母猪的爬跨可诱导其他空怀猪发情。

（2）采用控制仔猪断奶时间来达到母猪的同期发情。

据报道，可根据断奶到再发情间隔时间来确定配种时机。发情间隔时间≤5 天的，可在首次发现呆立后 24～48 小时配种；发情间隔时间 6～7 天的，可在发现后 8～24 小时配种；发情间隔时间＞8 天的，应在发现后 0～8 小时配种。

（3）空怀猪饲喂方法。每天喂 3 次，平均 3 千克以上，饲养员喂猪时一定要看护好，达到膘情一致，肥的少喂瘦的多喂，达到八成膘。

（三）妊娠母猪

1. 早期妊娠的诊断

（1）根据发情周期和妊娠征状诊断，母猪配种后约经过 3 周没再出现发情，并且食欲渐增，被毛光亮，增膘明显，性情温顺，行动稳重，贪睡，尾巴自然下垂，阴户缩成一条线，驱赶时夹着尾巴走路等现象，则初步诊断已经妊娠。

（2）利用超声波诊断：20～29 天准确率为 80%，40 天后准确率为 100%。

(3)激素注射妊娠诊断法：配种后 16～17 天，耳根皮下注射 3～5 毫升人工合成雌性激素，出现发情征状的是空怀母猪，5 天内不发情的为妊娠母猪。但此种方法要慎重，使用不当会造成流产和繁殖障碍。

(4)尿中雌激素化学诊断，准确率达 95％。

2. 妊娠母猪的饲养

(1)配前较瘦弱的经产母猪：1～40 天，精料量为 1.25 千克；41～90 天，精料量为 1 千克；91～114 天为 2 千克。

(2)配种前膘情较好的经产母猪：1～60 天精料量为 0.75 千克，61～114 天为 1.25～1.5 千克。

(3)初产母猪与繁殖力特高的母猪，1～60 天为 1.25 千克，61～90 天为 1.5 千克，90～114 天为 2 千克。

3. 妊娠母猪的饲养管理

(1)饲养方式。日粮必须有一定的体积，含有一定量的青粗料，日粮营养全面，多样化且适口性好。可适当加入有一定轻泻作用的饲料(如麸皮)预防便秘。妊娠 3 个月后就应该限制青粗料的给量，提倡喂稠粥料，也可喂干粉料，但必须供充足的饮水。

(2)良好的环境条件。猪舍内清洁卫生，防寒防暑，有良好的通风换气设备，地面坡度不要太陡。

(3)保证饲料质量。后期适当加喂次数，减少每次喂量。

(4)耐心管理防挤撞、咬架等造成流产或死胎。

(5)单圈饲养。在工厂化养猪场，多采用小群饲养，但每头母猪体重、年龄、性情与妊娠期大致相同，但在产前 1 个月以单圈饲养好。

(6)运动。妊娠后 1 个月，少运动，中后期适当运动。

(7)防应激反应，以免造成流产或死胎。

(8)防疫：一般产前 40 天、20 天各一次防大肠杆菌；产前 30 天(或配种前 15 天)防伪狂犬病。

(四)哺乳母猪饲养管理

(1)临产母猪提前一周进入产仔舍。

(2)妊娠母猪上床后，连续 3 天用季胺类消毒药进行全身消毒。

(3)临产前用 1‰的高锰酸钾溶液擦洗阴门和乳房，同时挤净乳头内的残留分泌物。

(4)产仔舍饲养员实行 24 小时轮流值班，仔猪出生后接产、消毒；遇到难产情况须人工助产；仔猪有假死的，将仔猪倒立，拍打胸臂，直到恢复呼吸。

(5)仔猪出生后，及时吃到母猪初乳，定好乳头，"弱在前，强在后"。

(6)产仔完毕，给母猪喂温热麸皮水。

产仔舍保持通风干燥，清洁卫生，日扫 2 次，隔日消毒一次。

仔猪 35～42 日龄转群后，彻底清理消毒，维护好设备，准备下一次接猪。

二、仔猪的饲养管理

(一)仔猪出生后的护理

(1)防寒保温。仔猪最适宜的环境温度：

1～7 日龄	32～28℃
8～30 日龄	28～25℃

31～60 日龄　　　　　　25～23℃

(2)吃足初乳。产后 3 天内的母乳为初乳。3 天以后母乳中免疫球蛋白含量即从每 100 毫升含 7～8 克降到 0.5 克。因此，仔猪出生后尽早吃到初乳、吃足初乳。

(3)固定奶头，弱在前强在后。

(4)补铁。仔猪出生后 3～4 日补铁。口服：2.5 克硫酸亚铁和 1 克硫酸铜溶于 10 毫升水中装入奶瓶，1～2 次/天，每天每头 100 毫升。肌注：生后 2～3 天颈部注射右旋糖苷铁、血多素、牲血素、右旋糖苷铁合剂等 100～150 毫克，2 周龄再注射一次。

(5)补硒。3～5 日龄，肌注 0.1％亚硒酸钠溶液 0.5 毫升，60 日龄再注射一次，或给仔猪注射硒 E 合剂。

(6)补水。出生 3 天后补给清水，冬季供温热水。

(7)防压踩，保持环境安静。

(8)去势。商品猪场：小公猪 7～15 天，小母猪 20～40 天。

(二)断奶仔猪的饲养管理

断奶仔猪指生后 28～35 天至 70 日龄的仔猪。

(1)饲料过渡。仔猪断奶 2 周内保持饲料不变。断奶 2～5 天限量饲喂，防消化不良而下痢，5 天后实行自由采食。

(2)保证充足清洁的饮水。

(3)温度。

30～40 日龄　　　　　　21～22℃

31～60 日龄　　　　　　21℃

60～90 日龄　　　　　　20℃

（4）湿度：相对湿度 65%～75%。

（5）调教管理。加强训练，使其形成理想的睡卧区和排泄区。

（6）饲喂次数。断奶仔猪一昼夜喂 6～8 次，以后逐渐减少饲喂次数，至 3 月龄为日喂 4 次。

（三）防疫

一般情况下，出生 20 天（首免）防猪瘟；出生 55 天（二免）猪瘟；断奶后防猪丹毒、猪肺疫、仔猪副伤寒；出生 60 天防口蹄疫。

（四）防病

对出生仔猪危害较大的疾病有仔猪红痢、仔猪黄、白痢和传染性胃肠炎等腹泻病。主要预防措施有：

（1）加强妊娠母猪和哺乳母猪的全价混合饲料营养的供给。保证胎儿的正常生长发育，产出体重大、健康的仔猪，母猪产后有良好的泌乳性能。哺乳母猪饲料稳定，不吃发霉变质和有毒的饲料，保证乳汁的质量。

（2）产房、地面、栏杆、产床、空间要进行彻底清洗、严格消毒。妊娠母猪临床前体表要进行喷淋刷洗消毒，用 0.1% 高锰酸钾溶液擦洗乳房和外阴部。产房地面和产床上不能有粪便和污水存留，随时清扫。

（3）产房应保持适宜的温度、湿度、控制有害气体的含量，防止或减少仔猪的腹泻等疾病的发生。

（4）在母猪妊娠后期注射 K88、K99、K987P 等菌苗但必须根据大肠杆菌的结构注射相应的菌苗才会有效，注射多价苗也可。

三、育肥猪的饲养管理

(一)生长育肥猪的饲养

生猪育肥猪是指体重在 20～90 千克的猪。在不影响日增重的情况下，适当限制日粮能量水平，防脂肪大量沉积，获得瘦肉率高的胴体。饲喂方法是限量饲喂，让猪吃到自由采食量的 80%～85%。

(二)生长育肥猪的管理

(1)分群。弱小猪留在原圈，同一群个体间差异不能过大，体重差异不宜超过 2～3 千克。

(2)密度。每头猪应占 0.8 平方米的圈舍面积，每群以10 头左右为宜。

(3)温度和湿度。

体重	温度
20～50 千克	20～25℃
50～90 千克	18～20℃

相对湿度 65%～75%

(4)光照适度。

(5)通风换气。高密度饲养的肉猪一年四季都必须通风换气。舍内空气卫生恶劣，使肉猪增重减少和增加饲料消耗。

(6)环境卫生。每日清扫猪舍，每隔 10～15 天用药喷洒消毒。常用药物为 2% 的火碱或过氧乙酸。

(7)供给充足清洁的饮水。

(8)适时出栏。二元杂种猪出栏体重为 85～95 千克；三元杂种猪出栏活重应为 95～105 千克。

第二节　种公猪的饲养管理

俗话说"母猪好，好一窝；公猪好，好一坡"。种公猪的好坏对猪群的影响巨大，它直接影响后代的生长速度、胴体品质和饲料利用效率，因此，养好公猪，对提高猪场生产水平和经济效益具有十分重要的作用。饲养种公猪的任务是使公猪具有强壮的体质，旺盛的性欲，数量多、品质优的精液。因此，应做饲养、管理和利用三个方面工作。

一、种公猪的饲养

（一）公猪的生产特点

公猪的生产任务就是与母猪配种，公猪与母猪本交时，交配时间长，一般为5～10分钟，多的可达20分钟以上，体力消耗大。公猪射精量多，成年公猪一次射精量平均250毫升，多者可达500毫升。精液中干物占2％～3％，其中60％为蛋白质，其余为脂肪、矿物质等。

（二）公猪的营养需求

营养是维持公猪生命活动、生产精液和保持旺盛配种能力的物质基础。我国农业行业标准中猪的饲养标准推荐的配种公猪的营养需要见表4-1。

表4-1　配种公猪每千克养分需要量（NY/T 65—2004）

采食量（千克/天）	消化能（兆焦/千克）	粗蛋白质（%）	能量蛋白比（千焦/%）	赖氨酸（%）	钙（克）	总磷（%）	有效磷（%）
2.2	12.95	13.5	959	0.55	0.70	0.55	0.32

能量对维持公猪的体况非常重要，能量过高过低易造成公猪过肥或太瘦，使其性欲下降，影响配种能力。一般要求饲粮消化量水平不低于 12.95 兆焦/千克。

蛋白质是构成精液的重要成分，从标准中可见，确定的蛋白质为 13.5%，但生产中种公猪的饲粮蛋白质含量常常会达到 15%～16%。在注重蛋白质数量供给的同时，应特别注重蛋白质的质量，注意各种氨基酸的平衡，尤其是赖氨酸、蛋氨酸、色氨酸。优质鱼粉等动物性蛋白质饲料因蛋白质含量高，氨基酸种类齐全，易于吸收，可作为种公猪饲粮优质蛋白质来源，使用比例在 3%～8%。棉子饼（粕）在生产中常用于替代部分豆粕，以降低饲粮成本，但因含有棉酚（棉酚具有抗生育作用）而不能作为种猪的饲料。

矿物质中钙、磷、锌、硒和维生素 A、D、E、烟酸、泛酸对精液的生成与品质都有很大影响，这些营养物质的缺乏都会造成精液品质下降，如维生素 A 的长期缺乏就会使公猪不能产生精子，而维生素 E，又叫生育酚，它的缺乏更会影响公猪的生殖机能，硒与维生素 E 具有协同作用。因此在生产中应满足种公猪对矿物质、维生素的需要。

（三）饲喂技术

（1）根据种公猪营养需要配合全价饲料。配合的饲料应适口性好，粗纤维含量低，体积应小，少而精，防止公猪形成草腹，影响配种。

（2）饲喂要定时定量，每天喂 2 次。饲料宜采用湿拌料、干粉料或颗粒料。

（3）严禁饲喂发霉变质和有毒有害饲料。

二、种公猪的管理

（一）加强运动

运动能增进公猪体质和保持公猪良好体况，提高公猪的性欲，对圈养公猪加强运动很有必要。每天应驱赶运动2次，上、下午各一次，每次1.5～2.0小时、行程2千米。如果种公猪数量较多，可建环形封闭式运动场，让公猪在窄道内单向循环运动。

（二）定期称重及检查精液品质

公猪尤其是青年公猪应定期称重，检查其生长发育和体重变化情况，并以此为依据及时调整日粮和运动量。体重最好每月称重一次。公猪精液品质也要定期检查，人工授精的公猪每次采精都要检查精液品质，而采用本交的公猪也要检查1～2次。

（三）实行单圈饲养

公猪好斗，单圈饲养可有效防止公猪间相互咬架争斗，杜绝公猪间相互爬跨和自淫。

（四）做好防暑降温和防寒保暖工作

高温会使公猪精液品质下降，造成精子总数减少，死精和畸形精子增加，严重影响受胎率。公猪适宜的温度为18～20℃，在规模化猪场，公猪都采用湿帘降温和热风炉供热系统，以确保公猪生活在适宜的环境温度中。

（五）其他管理

要注意保护公猪的肢蹄，对不良蹄形进行修整。及时剪去公猪獠牙，以防止公猪伤人。最好每天定时用刷子刷拭猪体，有利于人猪亲和及促进猪的血液循环和猪体卫生。建立合理的饲养管理操作规程，养成公猪良好的生活习惯。

三、种公猪的利用

种公猪的利用合理与否，直接影响到公猪精液品质和使用寿命，合理利用种公猪，必须掌握适宜的初配年龄和体重，控制配种的利用强度。

(一)初配年龄

公猪的初配年龄，随品种、饲养管理和气候条件的不同而有所变化，我国地方品种性成熟较早，国外引进品种性成熟较晚，适宜的初配年龄为我国地方品种在生后 7～8 月龄，体重达 60～70 千克，国外引进品种在生后 8～12 月龄，体重达 110～120 千克。

(二)利用强度

青年公猪配种不宜太频繁，每 2～3 天配种一次，每周配种 2～3 次，成年公猪每天配种一次，配种繁忙季节每天配种二次，早、晚各一次，连续配种 5～6 天后应休息 1 天，配种过度会显著降低精液品质，降低受胎率。

(三)公母比例与使用年限

在本交情况下，一头公猪可负担 20～25 头母猪的配种任务，而采用人工授精的猪场一头公猪可负担 400 头母猪的配种任务。公猪的淘汰率一般在 25%～30%。种公猪的使用年限一般为 3～4 年。

第三节　种母猪的饲养管理技术

一、空怀母猪的饲养管理

空怀母猪是指从仔猪断奶到再次发情配种的母猪。空怀母猪饲养管理的任务是使空怀母猪具有适度的膘情体况，按期发情，适时配种，受胎率高。空怀母猪的体况膘情，直接影响到母猪的再次发情配种。实践证明，母猪过肥或太瘦都会影响母猪的正常发情，空怀母猪七八成膘，母猪能按时发情并且容易配上、产仔多。七八成膘是指母猪外观看不见骨骼轮廓和不会给人肥胖感觉，用拇指稍用力按压母猪背部可触到脊柱。母猪体况太瘦，会使母猪发情推迟或发情微弱，甚至不发情，即使发情也难以配上。母猪膘情过肥，也会使母猪的发情不正常、排卵少、受胎率低、产仔少，所以空怀母猪的饲养应根据母猪的体况膘情来进行。

（一）空怀母猪的饲养

（1）空怀母猪的饲粮。供给空怀母猪的饲粮应是各种营养物质平衡的全价饲粮，其能量、蛋白质、矿物质、维生素含量可参照母猪妊娠后期的饲粮水平，消化能 12.55 千焦/千克，粗蛋白质 12%，饲粮应特别注意必需氨基酸的添加和维生素 A、维生素 D、维生素 E 和微量元素硒的供给。

（2）饲喂技术。空怀母猪一般采用湿拌料，定量饲喂，每日喂 2～3 次。

①对于断奶时膘情适度、奶水较多的母猪，为防止母猪断奶后胀奶，引发乳房炎，在断奶前 3 天开始减料。断

奶后按妊娠后期母猪饲喂，日喂料 2.0～2.5 千克。

②对于体况膘情偏瘦的母猪和后备母猪则应采取"短期优饲"的办法，对于较瘦的经产母猪，在配种前的 10～14 天，后备母猪则在配种前 7～10 天到母猪配上，每头母猪在原饲粮的基础上加喂 2 千克左右的饲料，这对经产母猪恢复膘情、按期发情、提高卵子质量和后备母猪增加排卵有显著作用，母猪配上后，转入妊娠母猪的饲养。

③对于体况肥胖的母猪，则应降低饲粮的营养水平和饲粮饲喂量，同时将肥胖的母猪赶到运动场，加强运动，使其尽快达到适度膘情，及时发情配种。

(二)空怀母猪的管理

(1)认真观察母猪发情，及时配种。国外引进品种，发情症状不如我国本地猪种明显，常出现轻微发情或隐性发情，所以饲养人员要仔细观察母猪的表现，每日用公猪早、晚二次寻查发情母猪，如果公猪在母猪前不愿走开，并有爬跨行为时，应将母猪做好记号，并再进一步观察，确认发情时，及时配种，严防漏配。

(2)营造舒适、清洁环境。创造一个温暖、干燥、阳光充足、空气新鲜的环境，有利于空怀母猪的发情、排卵。搞好猪舍清洁卫生和消毒。

(3)猪的配种。母猪的发情周期为 18～23 天，平均 21 天。母猪的发情周期指从上次发情开始至下次发情开始，叫做一个发情周期，可分为发情前期、发情持续期、发情后期和休情期四个阶段。

①发情鉴定。正常情况下，母猪断奶后一周左右发情，有些母猪在断奶后 3～4 天就开始发情，所以饲养员应细心观察，若母猪表现出兴奋不安、食欲减退、爬跨其他母猪，

地方猪种常出现鸣叫、闹圈。母猪阴户出现水肿、黏膜潮红、流出黏液，试情公猪赶入圈内，发情母猪会主动接近公猪跨等症状，说明母猪已发情。

②适时配种。母猪的发情持续期为2～5天，平均3天，猪的配种必须在发情持续期内完成，否则须等下个发情期才能再次配种。不同品种、不同年龄发情持续期不同，国外引进品种发情持续期较短，我国地方品种发情持续时间较长，老母猪发情持续时间较短，青年母猪发情持续时间较长，有"老配早、小配晚，不老不小配中间"之说。母猪适宜的配种时间是在母猪排卵前2～3小时，即母猪开始发情后的19～30小时，此时母猪发情症状表现为阴户水肿开始消退，黏膜由潮红变为浅红，微微皱折，流出的黏液用手可捏粒成丝，并接受试情公猪的爬跨，或检查人员用双手按压其背部，猪出现呆立不动，两腿叉开或尾巴甩向一侧，此时配种，受胎率高。如果阴户水肿没有消退迹象，阴户黏膜潮红，黏液不能捏粒成丝，猪不愿接受爬跨，则说明配种适期未到，还需耐心观察。反之，如果阴户水肿已消失，阴户黏膜苍白，母猪不愿接受公猪爬跨，则说明配种适期已错过。国外引进猪种发情症状不大明显，应特别注意。生产中，常在母猪出现发情症状后24小时，只要母猪接受公猪爬跨，就可第一次配种，间隔8～12小时再配第二次。一般一个情期配种2次，也有些猪场配种3次。

③配种方式。重复配种：指在母猪发情持续期内，用1头公猪配种二次以上，其间隔时间为8～12小时，如果上午配种，一般下午再配一次，或下午配种，第二天上午再配一次。采用重复配种母猪的受胎率高，生产中常用此法。

双重配种：指在母猪发情持续期内，用2头公猪分别与母猪配种，2头公猪配种间隔时间为5～10分钟，由于有2头公猪的血缘，所以此法只能用于商品猪的生产。

④配种方法。人工辅助配种：如采用本交的猪场，应建专用的配种室。配种时应先挤掉公猪包皮中的积尿，并用0.1％浓度的高锰酸钾溶液对公、母猪的阴部四周进行清洁和消毒。然后稳住母猪，当公猪爬到母猪背上时，一手将母猪尾巴轻轻拉向一侧，另一手托住公猪包皮，使包皮口紧贴母猪阴户，帮助公猪阴茎顺利进入阴道，完成配种。当公猪体重显著大于或小于母猪时，都应采取措施给予帮助，应在配种室搭建一块10～20厘米高的平台，当公猪体大时将母猪赶到平台上，再与公猪配种。反之则让公猪站立于平台上与母猪配种。配种完后轻拍母猪后腰，防止精液倒流。配种应保持环境安静，避免一切干扰。

人工授精：规模化猪场常采用此法，既可充分发挥优秀公猪的作用，又可减少公猪饲养量，降低生产成本。将经过人工采精训练的公猪进行采精，然后检查精液品质与稀释。当母猪发情至最佳配种时间时，用输精管输入公猪精液，输精时应防止精液倒流。

二、妊娠母猪的饲养管理

妊娠母猪指从配种后卵子受精到分娩结束的母猪。妊娠母猪饲养管理的任务是使胎儿在母体内得到健康生长发育，防止死胎、流产的发生，获得初生重大，体质健壮，同时使母猪体内为哺乳期贮备一定的营养物质。

（一）早期妊娠诊断

母猪配种后，食欲增加，被毛发亮，行为谨慎、贪睡，驱赶时夹尾走路，阴户紧闭，对试情公猪不感兴趣，可初步判定为妊娠。生产中常采用以下方法进行母猪的早期妊娠诊断。

（1）人员检查。在母猪配种后 18～24 天认真检查已配母猪是否返情，若未发现母猪返情，说明母猪可能已妊娠。

（2）公猪试情。每天上午、下午定时将试情公猪从已配母猪旁边赶过，观察已配母猪的反应，若出现兴奋不安等发情症状，说明母猪返情；若无反应，则说明可能已妊娠。为了确认，第二个情期用同样的方法再检查一次。

（3）超声波检查。利用胚胎时超声波的反射来进行早期妊娠诊断，效果很好。据介绍，配种 20～29 天诊断的准确率 80%，40 天以后的准确率为 100%。常用于猪的妊娠诊断的仪器有 A 型超声诊断仪和 B 型超声诊断仪（B 超）。A 型体积小，如手电筒大，操作简单，几秒钟便可得出结果。B 超体积较大，准确率高，诊断时间早，但价格昂贵。

（二）胚胎生长发育规律

卵子在输卵管壶腹部受精，形成受精卵后，在进行细胞分裂的同时，沿输卵管下移，3～4 天后到达子宫角，此时胚胎在子宫内处于浮游状态。在孕酮作用下，胚胎 12 天后开始在子宫角不同部位附植（着床），20～30 天形成胎盘，与母体建立起紧密联系。在胎盘未形成前，胚胎易受外界不良条件的影响，引起胚胎死亡。生产中，此阶段应给予特别关照。胎盘形成后，胚胎通过胎盘从母体中获得源源不断的营养物质，供自身的生长发育，在妊娠初期，胚胎体积小，重量轻，如妊娠 30 天每个胚胎重量只有 2 克，仅占初生体重的 0.15%，随着妊娠时间的增加，胚胎生长速度加快，妊娠 80 天，每个胎儿重量达 400 克，占初生体重的 29.0%。妊娠 80 天后，胎儿体重增长迅速，到仔猪出生时体重可达

1 300～1 500 克。在母猪妊娠的最后 30 多天，胎儿的增重达初生体重的 70％左右，见表 4 - 2。

表 4 - 2　猪胎儿的发育变化

胎龄(天)	胎重(克)	占初生重(%)
30	2.0	0.15
40	13.0	0.90
50	40.0	3.00
60	110.0	8.00
70	263.0	19.00
80	400.0	29.00
90	550.0	39.00
100	1 060.0	76.00
110	1 150.0	82.00
出生	1 300～1 500	100.00

由此可见，母猪配种后和临产前一个月是胎儿生长发育的关键时期，因此，必须加强妊娠母猪在此时期的饲养管理，保证胎儿的正常生长。

(三)妊娠母猪的饲养

(1)妊娠母猪的营养需要及特点。妊娠母猪从饲料摄取的营养物质除用于维持需要外，主要用于胎儿的生长发育和自身的营养贮备，青年母猪还将营养物质用于自身的生长。从上述胎儿生长发育规律可见，母猪在妊娠前 80 天，胎儿的绝对增长较少，对营养物质在量上的需求也相对较少，但对质的要求较高，特别是胎盘未形成前的时期，任何有毒有害物质，发霉变质饲料或营养不完善都有可能造成胚胎死亡或流产。母猪妊娠 80 天后，胎儿增重非常迅速，对营养物质的需要量也显著增加，同时，由于胎儿体积的迅速增大，子宫膨胀，使母猪消化道受到挤压，消化机能受到影响，所以，此阶段应供给较多的营养物质。

母猪妊娠后，体内激素和生理机能也发生很大变化，对饲料中营养物质的消化吸收能力显著增强，试验证明，妊娠母猪在饲喂同样饲料的情况下，增重要高于空怀母猪。这种现象被称为孕期合成代谢。生产中可利用母猪孕期合成代谢来提高饲料的利用效率。

(2)妊娠母猪的饲养方式。目前，妊娠母猪的饲养大都采用"低妊娠、高泌乳"的饲养模式，即在妊娠期适量饲喂，哺乳期充分饲喂。在生产中应根据母猪体况，给予不同的饲养待遇。

①"步步高"的饲养方式。对于初产母猪，宜采用"步步高"的饲养方式，即在整个妊娠期，随妊娠时间的增加，逐步提高饲粮营养水平或饲喂量，到产前一个月达到最高峰，这样可使母猪本身和胎儿都能得到良好的生长发育。

②"前粗后精"的饲养方式。对于断奶后体况良好的经产母猪，可采用"前粗后精"的饲养方式。即在妊娠前期(前80天)按一般的营养水平饲喂，可多喂些粗饲料；妊娠后期(80天后)胎儿生长发育迅速，提高营养水平，增加营养供给，以精料为主，少喂青绿饲料。

③"抓两头带中间"的饲养方式。对于断奶后体况很差的经产母猪，可采用"抓两头带中间"的饲养方式，即将整个妊娠期分为前期(配种至42天)、中期(43～84天)和后期(84天以后)，在前期和后期提高饲粮营养水平，使母猪在产后迅速恢复体况和满足胎儿生长发育需要，在中期则给予一般的饲粮。

(3)饲喂技术。

①饲喂量。妊娠母猪的饲喂量在妊娠前 84 天 2.0～2.5 千克/天，妊娠 84 天后，3.0～3.5 千克/天，以母猪妊娠后期膘情达到 8 成半膘为宜，不可使母猪过肥或太瘦，并应根据母猪的体况、体重、妊娠时间和气温等具体情况作个别调整。有条件者可采用母猪自动饲喂系统，该系统能根据每头母猪的具体情况，自动决定每头母猪的饲喂量，并记录在案。

②饲喂次数。妊娠母猪一般日喂 2～3 次，饲喂的饲料可用湿拌料、颗粒料。喂料时，动作应迅速，用定量料勺，以最快速度让每一头母猪吃上料，最好能安装同步喂料器同时喂料。母猪对饲喂用具发出的声响非常敏感，喂料速度太慢，易引起其他栏的母猪爬栏、挤压，增大母猪流产的概率。

③饲喂妊娠母猪的饲粮应有一定的体积。妊娠前 84 天胎儿体积较小，饲粮容积可稍大一些，适当增加青、粗饲料比例，后期因胎儿生长，饲粮容积应小些。

④饲喂妊娠母猪的饲粮应有适当轻泻作用。在饲粮中可增大麸皮比例，麸皮含有镁盐，对预防妊娠母猪特别是妊娠后期母猪便秘有很好效果。

⑤饲喂妊娠母猪的饲料应多样化搭配，品质好，保证有充足、清洁饮水。严禁饲喂发霉、变质、有毒有害、冰冻和强烈刺激性气味的饲料，不得给妊娠母猪喝冰水，否则会引起流产，造成损失。

⑥妊娠母猪饲养至产前 3～5 天视母猪膘情应酌情减料，以防母猪产后乳房炎和仔猪下痢。

第四节 哺乳母猪的饲养管理

哺乳母猪是指从母猪分娩到仔猪断奶这一阶段的母猪。哺乳母猪饲养管理的任务是满足母猪的营养需要，提高母猪泌乳力，提高仔猪断奶重。

一、母猪的泌乳特点与规律

母猪有乳头 6～8 对，各乳头之间互不相通，各自独立。每个乳头有 2～3 个乳腺团，没有乳池，不能贮存乳汁，故仔猪不能随时吃到母乳。母猪泌乳是由神经和内分泌双重调节，经仔猪饥饿鸣叫和拱揉乳房的刺激，使母猪脑垂体后叶分泌催产素，催产素作用于乳房，促使母猪泌乳。母猪泌乳时间很短，一次泌乳只有 15～30 秒。母猪泌乳后需 1 小时左右才能再次放乳。每天放乳 22～24 次，并随产后时间的推移泌乳次数逐渐减少。母猪在产后 1～3 天，由于体内催产素水平较高，所以仔猪可随时吃到乳。

母猪产后 1～3 天的乳称为初乳，3 天后称为常乳。初乳中干物质含量为常乳的 1.5 倍，其中免疫球蛋白含量非常丰富，初生仔猪必须通过吃初乳才能获得免疫能力。另外初乳中免疫球蛋白的含量下降速度很快，在产后 24 小时就接近常乳水平，所以应尽早让仔猪吃到初乳，吃足初乳。

母猪的泌乳量在产后 4～5 天开始上升，在产后 20～30 天达到泌乳高峰以后逐渐下降。产后 40 天泌乳量占全期泌乳量的 70%～80%。

不同位置的乳头泌乳量不同，前 3 对乳头由于乳腺较多，泌乳也较多。见表 4-3。

表 4-3　不同乳头位置的泌乳量比例(％)

乳头位置	1	2	3	4	5	6	7
所占泌乳量比例	23	24	20	11	9	9	4

由表 4-3 可见,前面 3 对乳头的泌乳量占总泌乳量的 67％,而第 7 对乳头的泌乳量仅点 4％。

不同胎次的母猪泌乳量也有较大差异,一般第一胎泌乳量较低,第二胎开始上升,以后维持在一定水平上。到第七八胎开始下降。所以,规模化猪场的母猪一般在第八胎淘汰,年淘汰率在 25％ 左右。

仔猪有固定乳头吃乳的特性,母猪产仔数少时,没有仔猪拱揉、吮吸的乳头便会萎缩。生产中可将一些产仔多的母猪的一部分仔猪寄养给产仔少的母猪喂乳,有利于仔猪的健康生长和母猪乳房的发育。

二、哺乳母猪的饲养

(一)哺乳母猪的营养需要

正常情况下,母猪在哺乳期内营养处于入不敷出状态,为满足哺乳的需要,母猪会动用在妊娠期贮备的营养物质,将自身体组织转化为母乳,越是高产,带仔越多的母猪,动用的营养贮备就越多。如果此时供给饲粮营养水平偏低,会造成母猪身体透支,严重者会使母猪变得极度消瘦,直接影响到母猪下一个情期的发情配种,造成损失。所以,哺乳母猪的饲养都采用"高哺乳"的饲养模式,给哺乳母猪高营养水平的饲养,尽最大限度地满足哺乳母猪的营养需要。

研究表明,供给哺乳母猪的饲粮消化能水平应达 13.80

兆焦/千克，粗蛋白质水平 17.5%～18.0%，赖氨酸水平 0.88%～0.94%，对提高泌乳量，维持良好体况有很好帮助。供给的蛋白质应注意品质，满足必需氨基酸的需要。同时还要注意维生素和矿物质的充足供给，矿物质和维生素的缺乏都会影响母猪的泌乳性能以及母猪和仔猪的健康。

（二）饲养技术

（1）哺乳母猪的饲喂量。哺乳母猪经过产后 5～7 天的饲养已恢复到正常状态，此时应给予最大的饲喂量，母猪能吃多少，就喂给多少，保证母猪吃饱吃好，一般带仔 10～12 头，体重 175 千克的哺乳母猪，每天饲喂 5.5～6.5 千克的饲粮。

（2）供给品质优良饲料，保持饲料稳定。饲喂哺乳母猪应采用全价配合饲料，饲料多样化搭配，供给的蛋白质应量足质优，最好在配合饲料中使用 5% 的优质鱼粉，对于棉子粕、菜子粕都必须经过脱毒等无害化处理后方可使用。严禁饲喂发霉变质、有毒有害的饲料，以免引起母猪乳质变差造成仔猪下痢或中毒。要保持饲料的稳定，不可突然变换饲料，以免引起应激，引起仔猪下痢。

（3）供给充足饮水。猪乳中含水量在 80% 左右，保证充足的饮水对母猪泌乳十分重要，供给的饮水应清洁干净，要经常检查自动饮水器的出水量和是否堵塞，保证不会断水。

（4）日喂次数。哺乳母猪一般日喂 3 次，有条件的加喂一次夜料。

（5）饲喂青绿饲料。青绿饲料营养丰富，水分含量高，是哺乳母猪很好的饲料，有条件的猪场可给哺乳母猪额外喂些青绿饲料。对提高泌乳量很有好处。

(6)哺乳母猪的管理。给哺乳母猪创造一个温暖、干燥、卫生、空气新鲜、安静舒适的环境，有利于哺乳母猪的泌乳。在日常管理中应尽量避免一切会造成母猪应激的因素。保持猪舍的冬暖夏凉，搞好日常卫生，定期消毒。仔细观察母猪的采食、粪便、精神状态，仔猪的吃奶情况，认真检查母猪乳房和恶露排出情况，对患乳房炎、子宫炎及其他疾病的母猪要及时治疗，以免引起仔猪下痢。对产后无乳或乳少的母猪应查明原因，采取相应措施，进行人工催乳。

（三）防止母猪无乳或乳量不足

(1)母猪无乳或乳量不足的原因。

①营养方面。母猪在妊娠和哺乳期间营养水平过高或过低，使得母猪偏胖或偏瘦，或营养物质供给不平衡，或饮水不足等都会出现无乳或乳量不足。

②疾病方面。母猪患有乳房炎、链球菌病、感冒发烧等，将出现无乳或乳量不足。

③其他方面。高温高湿、低温高湿环境、母猪应激等，都会出现无乳或乳量不足。

(2)防止母猪无乳或乳量不足的措施。根据上述原因，预防母猪无乳或乳量不足的措施如下。

①做好妊娠和哺乳母猪的饲养管理，满足母猪所需要的各种营养物质。同时给母猪创造舒适的生活环境，给予精细的管理，最大限度减少母猪的应激反应。

②做好疾病预防工作，防止母猪因病造成无乳或乳量不足。

③用以下方法进行催乳。

Ⅰ.将胎衣洗净切碎煮熟拌在饲料中饲喂无乳或乳量不

足的母猪。

Ⅱ. 产后 2～3 天无乳或乳量不足，可给母猪肌肉注射催产素，剂量为 10 单位/100 千克体重。

Ⅲ. 用淡水鱼煎汤拌在饲料中喂饲。

Ⅳ. 泌乳母猪适当喂一些青绿多汁饲料，但要控制喂量，以保证母猪采食足够的配合饲料，否则会造成营养不良，导致母猪乳量不足。

Ⅴ. 中药催乳法：王不留行 36 克、漏芦 25 克、天花粉 36 克、僵蚕 18 克、猪蹄 2 对，水煎分两次拌在饲料中喂饲。

第五节　提高母猪生产能力技术

（一）技术概述

在我国的养猪业生产中，母猪是最薄弱的一个环节，我国每头母猪年提供的商品猪只有 14 头左右，与国际先进水平 20 头差距很大。生产的效率低、资源浪费严重，特别是品种改良后，很多中小规模养殖户仍按照传统的方式饲养，母猪不发情、死胎流产问题严重，空怀期长，年产胎次低，死亡率高。主要的原因是没有按照母猪生产过程的不同生理阶段进行科学饲养，同时，由于中小规模饲养量大，加上近年来高致病性猪蓝耳病、繁殖障碍病发生频繁，造成了生产的不稳定。由于饲养不科学，加剧了这些疾病的危害，母猪的生产能力进一步下降，养殖户淘汰母猪，造成我国生猪市场的剧烈波动，养殖户也损失惨重。

增产增效情况：通过推广后备母猪定向培育技术、增加妊娠母猪产崽数的饲养技术、提高哺乳母猪泌乳量的饲

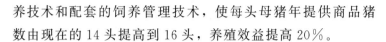
养技术和配套的饲养管理技术，使每头母猪年提供商品猪数由现在的 14 头提高到 16 头，养殖效益提高 20％。

（二）技术要点

（1）后备母猪定向培育技术。根据不同品种的营养要求，推广后备猪优饲技术，改变应用肥猪的饲料饲养后备种猪的饲养方式，使后备母猪达到理想种用体况，提高母猪的繁殖利用年限。

（2）增加妊娠母猪产仔数的饲养技术。重点是妊娠母猪控制饲养技术，提高产仔数的营养调控技术，依据当地饲料资源并选择优质饲料原料设计饲料配方，控制母猪理想体况。

（3）提高哺乳母猪泌乳量的饲养技术。解决中小规模农户哺乳母猪饲养过程中主要是能量限制和蛋白质与能量平衡问题，使母猪获得最大程度的泌乳量，同时保证母猪断奶后能正常发情、配种，提高母猪的繁殖能力。

在上述主要饲养技术的基础上，配套不同生理阶段母猪的饲养管理、饲喂技术，母猪群疫病防治综合技术，母猪养殖环境改善技术。

适宜区域：全国养猪优势区域。

第五章　肉猪生产

第一节　肉猪的饲养

（一）营养需要

仔猪经过保育期的培育，从保育舍转入育肥猪舍时，猪的各项生理机能已发育完善、健全，此时，猪食欲旺盛，消化能力强，生长迅速，日增重随日龄增长而增加，至体重90～100千克时日增重达到高峰。为满足迅速生长，需从饲料中获取大量营养物。饲料营养的供给应注意能量、蛋白质水平以及两者间的比例平衡，适宜的能量水平有利于猪的快速生长，过高能量则在猪的体内被转化成脂肪沉积，影响胴体瘦肉率。能量不足则使猪的生长减缓，甚至将蛋白质转化为能量来满足猪对能量的需要。蛋白质是由氨基酸构成，猪对蛋白质的需要实际上是对氨基酸的需求，因此饲料应特别注意氨基酸的组成。各种氨基酸的比例，特别是限制性氨基酸如赖氨酸、色氨酸、蛋氨酸的供给，以提高饲料转化效率。矿物质、维生素也是猪快速生长的必需物质，应注意满足供给。

（二）饲养方式

（1）直线饲养方式。就是根据肉猪生长发育规律和不同生长阶段的营养需要，在肉猪生产的整个阶段都给予丰富均衡营养的饲养方式。生产中常将肉猪分为小猪（20～35 千克）、中猪（35～65 千克）和大猪（60～100 千克以上）三个阶段。此种饲养方式具有肉猪生长快、饲养周期短、饲养利用效率高的特点。

（2）"前高后低"的饲养方式。根据肉猪生长发育规律，兼顾肉猪的增重速度，饲料利用效率和胴体品质，将肉猪生产的整个阶段分为育肥前期（体重 20～60 千克）和育肥后期（60～100 千克），育肥前期饲喂高能量高蛋白质全价饲料，并实行自由采食或不限量饲喂；后期则适当降低饲料中的能量水平，并实行限制饲喂，以减少肉猪脂肪沉积，提高胴体瘦肉率。

（三）饲喂方法

肉猪的饲喂主要采用自由采食和分餐饲喂。在小猪阶段一般采用自由采食，即每昼夜始终保持料槽有料，饲料敞开供应，猪什么时候肚子饿了，想吃料就有料吃，想吃多少就能吃多少。这样有利于猪的快速生长和个体均匀，整齐度较高。在中大猪阶段常采用分餐饲喂，即每天定时定量饲喂，一般每天饲喂 2～3 次。可采用颗粒料、干粉料和湿拌料。湿拌料适口性较好，颗粒料和干粉料便于同时投料，减少饲喂时猪群的不安和躁动。定量饲喂有利于控制胴体脂肪沉积，提高瘦肉率。

（四）保证充足清洁的饮水

水是最重要的营养物质，体内新陈代谢都在水中进行。体内缺水达 10％时，就会引起代谢紊乱。饮用水是体内水分的最主要来源，所以应保证猪有充足的饮水。生产中，由于水来得容易，因此饮水问题常被忽视，导致猪群缺水。现在猪场都安装自动饮水器，应经常检查饮水器中水压的大小和是否堵塞。水压太大，水呈喷射状，使猪不敢喝水，导致缺水。水压太低，流量小，或因堵塞无水，而引起猪缺水。一些猪场设有高压水池和低压水池：高压水池供给生产用水，低压水池用于猪的饮水。同时，应注意供给饮水的水质，许多猪场采用地表水，而地表水往往大肠杆菌严重超标，使用时应注意消毒。对水中矿物质含量过高的硬水，建议不要使用。这在建场时就应对水质进行化验。

第二节　肉猪的管理

（一）实行"全进全出"饲养制度

在规模化猪舍中应安排好生产流程，在肉猪生产采用"全进全出"饲养制度。它是指在同一栋猪舍同时进猪，并在同一时间出栏。猪出栏后空栏一周，进行彻底清洗和消毒。此制度便于猪的管理和切断疾病的传播，保证猪群健康。若规模较小的猪场无法做到同一栋的猪同时出栏，可分成两到三批出栏，待猪出完后，对猪舍进行全面彻底消毒后，方可再次进猪。虽然会造成一些猪栏空置，但对猪的健康却很有益处。

（二）组群与饲养密度

肉猪群饲有利于促进猪的食欲和提高猪的增重，并充分有效利用猪舍面积和生产设备，提高劳动生产率，降低生产成本。猪群组群时应考虑猪的来源、体重、体质等，每群以10头左右为宜，最好采用"原窝同栏饲养"。若猪圈较大，每群以 15 头左右，不超过 20 头为宜。每头猪占地面积漏缝地板 1.0 平方米/头，水泥地面 1.2 平方米/头。

（三）分群与调教

猪群组群后经过争斗，在短时间内会建立起群体位次，若无特殊情况，应保持到出栏。但若中途出现群体内个体体重差异太大，生长发育不均，则应分群。分群按"留弱不留强、拆多不拆少、夜合昼不合"的原则进行。猪群组群或分群后都要耐心做好"采食、睡觉和排泄"三定点的调教工作，保持圈舍的卫生。

（四）去势与驱虫

肉猪生产对公猪都应去势，以保证肉的品质，而母猪因在出栏前尚未达到性成熟，对肉质和增重影响不大，所以母猪不去势。公猪去势越早越好，小公猪去势一般在生后 15 天左右进行，现提倡在生后 5～7 天去势，早去势，仔猪体内母源抗体多，抗感染能力强，同时手术伤口小，出血少，愈合快。寄生虫会严重影响猪的生长发育，据研究，控制了疥螨比未控制疥螨的肥育猪，肥育期平均日增重高 50 克，达到同等出栏体重少用 8～9 天时间。在整个生产阶段，应驱虫 2～3 次，第一次在仔猪断奶后 1～2 周，第二次在体重 50～60 千克时期，可选用芬苯达唑、可苯达唑或伊维菌素等高效低毒的驱虫药物。

（五）加强日常管理

（1）仔细观察猪群。观察猪群的目的在于掌握猪群的健康状况，分析饲养管理条件是否适应，做到心中有数。观察猪群主要观察猪的精神状态、食欲、采食情况、粪尿情况和猪的行为。如发现猪精神萎靡不振，或远离猪群躺卧一侧，驱赶时也不愿活动，猪的食欲很差或不食，出现拉稀等不正常现象，应及时报告兽医，查明原因，及时治疗。对患传染病的猪，应及时隔离和治疗，并对猪群采取相应措施。

(2)搞好环境卫生，定期消毒。做好每日两次的卫生清洁工作，尽量避免用水冲洗猪舍，防止污染环境。许多猪场采用漏缝地板和液泡粪技术，与用水冲洗猪舍相比，可减少70%的污水。要定期对猪舍和周围环境进行消毒，每周一次。

(六)创造适宜的生活环境

(1)温度。环境温度对猪的生长和饲料利用率有直接影响。生长育肥猪适宜的温度为$18\sim20℃$，在此温度下，能获得最佳生产成绩。高于或低于临界温度，都会使猪的饲料利用率下降，增加生产成本。由于猪汗腺退化皮下脂肪厚，所以要特别注意高温对猪的危害。据研究，猪在37℃的环境下，不仅不会增重，反而减重350克/天。开放式猪舍在炎热夏季应采取各种措施，做好防暑降温工作；在寒冷冬季应做好防寒保暖，给猪创造一个温暖舒适的环境。

(2)湿度。湿度总是与温度、气流一起对猪产生影响，闷热潮湿的环境使猪体热散发困难，引起猪食欲下降，生长受阻，饲料利用率降低，严重时导致猪中暑，甚至死亡。寒冷潮湿会导致猪体热散发加剧，严重影响饲料利用率和猪的增重，生产中要严防此两种情况发生。适宜的湿度以$55\%\sim65\%$为宜。

(3)保持空气新鲜。在猪舍中，猪的呼吸和排泄的粪、尿及残留饲料的腐败分解，会产生氨、硫化氢、二氧化碳、甲烷等等有害气体。这些有害气体如不及时排出，在猪舍内积留，不仅影响猪的生长，还会影响猪的健康。所以保持适当的通风，使猪舍内空气新鲜，是非常必要的。

（七）切实落实猪群保健计划，保障猪群健康

（八）适时出栏

肉猪养到一定时期后必须出栏。肉猪出栏的适宜时间以获取最佳经济效益为目的，应从猪的体重、生长速度、饲料利用效率和胴体瘦肉率、生猪的市场价格、养猪的生产风险等方面综合考虑。从生物学角度，肉猪在体重达到100～110千克时出栏可获最高效益。体重太小，猪生长较快，但屠宰率和产肉量较少；体重太大，屠宰率和产肉量较高，但猪的生长减缓，胴体瘦肉率和饲料利用率下降。生猪的市场价格对养猪的经济效益有重大影响，当市场价格成向上走势时，猪的体重可稍微养大一些出栏，反之则可提早出栏。当周边养殖场受传染病侵扰时，本场的养殖风险增大，应适当提早出栏。

第六章 常见疾病诊断与防治

第一节 猪瘟

猪瘟又称"烂肠瘟"，是由猪瘟病毒引起的猪的一种急性、热性和接触性传染病。其特征为起病急骤、高热稽留，因毛细血管壁变性而引起广泛性点状出血和坏死。本病传染性强，发病率和病死率高，发病后期常引起继发性细菌感染。

一、病原特征

病原属于黄病毒科的瘟病毒属，该病毒对消毒药的抵抗力较强。5％～10％漂白粉及 2％氢氧化钠溶液是该病毒最有效的消毒剂。

二、流行病学

本病只有猪发病，不同年龄、性别、品种的猪均有易感性。病猪和带毒猪是本病主要的传染源。易感猪与病猪和带毒猪的直接接触是本病毒的主要传播方式。本病一年四季均可发生。

三、临床症状

(一)最急性型

突然发病,全身痉挛,四肢抽搐,高热稽留,皮肤黏膜发绀、有出血点。经1～2天死亡。

(二)急性型

在出现症状前体温已升高为41℃左右,持续不退。在下腹部、耳根、四蹄、嘴唇及外阴等处皮肤有紫红色斑点。病初便秘,后腹泻。公猪包皮内可见恶臭液体。哺乳仔猪发病后,主要表现为神经症状,最终衰竭死亡。

(三)亚急性型

常见于老疫区或流行后期的病猪,病程20～30天。

(四)慢性型

主要表现为消瘦、贫血、全身衰弱,食欲减退,便秘和腹泻交替出现。有的在耳端、尾尖及四肢皮肤上有紫斑或坏死痂。病程1个月以上,不死者成为"僵猪"。妊娠母猪可流产,产死胎或仔猪断乳后出现腹泻。

(四)温和型

病情发展缓慢,体温一般为40～41℃,皮肤常无出血点,在腹下部多见淤血和坏死。有时可见耳部及尾部皮肤坏死,俗称"干耳朵""干尾巴"。病程2～3个月。

临床上应注意与猪丹毒、猪肺疫、猪弓形体病、仔猪副伤寒、败血性链球菌病的鉴别诊断。

四、病理变化

(一)最急性型

可见因小血管变性引起的广泛出血、水肿、变性和坏死。一般仅见浆膜、黏膜和内脏有少量出血斑点。

(二)急性型

以皮肤和内脏器官的出血变化为主。皮肤上有大小不等的出血点。淋巴结肿胀出血,外观黑紫,切面大理石状,周边出血。肾色泽变淡,表面及切面有出血点,俗称"麻雀蛋肾"。脾不肿大,边缘有紫黑色稍隆起的出血性梗死。膀胱黏膜、喉头、会厌软骨、胃底黏膜、肠系膜和脑膜出血,扁桃体和回盲瓣附近淋巴滤泡出血坏死。

(三)慢性型

主要表现坏死性肠炎。回盲瓣、盲肠及结肠黏膜形成突出于黏膜面的褐色或黑色的纽扣状溃疡。

五、防治措施

(一)平时的预防措施

(1)防止引入病猪,切断传播途径。

(2)猪场免疫程序可根据猪场具体情况而定。

①公猪、繁殖母猪和育成猪每年春秋各注射猪瘟弱毒疫苗一次。

②仔猪25~35日龄初免、60~70日龄二免。

③发生过猪瘟的猪场,新生仔猪应在吃初乳前注射2倍剂量的猪瘟疫苗,2小时后再自由哺乳,即超前免疫。二免于8~9周龄进行。

（二）发病时的控制措施

（1）封锁疫点，在疫区内最后一头病猪死亡或处理3周后，经彻底消毒方能解除封锁。

（2）对全场所有猪进行临床检查，对病猪及其污染物进行处理和消毒。

（3）紧急预防接种。疫区内假定健康猪和受威胁猪，应立即注射常规剂量4～5倍的猪瘟疫苗。

（4）禁止外来人员入内，场内饲养人员及工作人员禁止互相来往。

（5）对带毒母猪应坚决淘汰。

（三）治疗

目前，尚无特效疗法。对贵重种猪，在病初可皮下、肌肉或静脉注射抗猪瘟血清抢救。

第二节　猪伪狂犬病

是由伪狂犬病病毒引起的一种急性传染病。其特征为成年猪呈隐性感染或有上呼吸道卡他性炎症，妊娠母猪发生流产、死胎，哺乳仔猪出现发热、脑脊髓炎和败血症，最后死亡。

一、病原特征

病原属于疱疹病毒科疱疹病毒属，只有一个血清型。本病毒在外界环境中存活时间长，耐冷冻，不耐热，对紫外线敏感。常用消毒剂均可将其杀灭。

二、流行病学

病猪、带毒猪及带毒鼠类为主要传染源。猪、牛、羊、犬、猫及野生动物均易感。可经呼吸道、消化道、皮肤伤口及配种等传染。一年四季均可发生，但多发于冬、春季节。

三、临床症状

新生至4周龄以内仔猪常突然发病，体温41℃以上，精神沉郁、厌食，呕吐或腹泻，后出现神经症状，耳朵一侧向前，一侧向后，叫声嘶哑。病程1～2天，最后死亡。4月龄左右的猪多表现轻微发热、流鼻涕、咳嗽和呼吸困难，有的腹泻，几天后可恢复，部分病猪出现神经症状而死亡。妊娠母猪出现流产、死胎或木乃伊胎，产出的弱胎多在2～3天死亡，流产率可达50%。成年猪一般呈隐性感染，有时可见上呼吸道卡他性炎症、发热、咳嗽、鼻腔流分泌物及精神委顿等一般症状。

猪伪狂犬病和猪细小病毒病、猪蓝耳病、猪乙型脑炎为猪繁殖障碍四大疾病。该病应注意与乙型脑炎、蓝耳病、细小病毒病的鉴别诊断。

四、病理变化

肝、脾有白色坏死点，胃底部大面积出血，肾、心肌有出血点，膀胱有针尖大的出血点，脑膜充血及脑脊髓液增多。

五、防治措施

（一）综合性防治措施

（1）防止购入带毒种猪，消灭饲养场的鼠类。

（2）发病时扑杀病猪，消毒猪舍及环境，粪便发酵处理。

（3）在疫场或受威胁的养猪场，必要时给猪注射弱毒冻干疫苗。

（二）疫苗种类及免疫程序

（1）疫苗种类目前应用的疫苗有伪狂犬弱毒苗、弱毒灭活苗、野毒灭活苗及基因缺失苗，其中，基因缺失苗效果最好。

（2）免疫程序

①种猪3次/年或产前4～6周免疫1次，母猪于产前一个月再加强免疫一次。

②仔猪在6～8周时免疫1次，未免疫母猪所产仔猪则应在3～7日龄首免，断奶时再免疫1次。

③初生仔猪用伪狂犬基因缺失苗滴鼻。

（三）发病后的控制措施

本病尚无特效治疗药物，紧急情况下，用高免血清治疗，可降低死亡率。

第三节 猪细小病毒病

猪细小病毒病是由猪细小病毒引起的一种猪的繁殖障碍病，以妊娠母猪发生流产、死胎、木乃伊胎为特征，通常母猪无明显症状。

一、病原特征

病原属于细小病毒属细小病毒科的细小病毒，对热、酸碱有较强的抵抗力，能抵抗乙醚、氯仿等脂溶剂，但0.5%漂白粉和2%氢氧化钠溶液5分钟内能杀灭病毒。

二、流行病学

传染源主要是感染细小病毒的母猪和带毒的公猪，各种不同年龄、性别的猪均易感，后备母猪比经产母猪易感。仔猪和胚胎可通过感染母猪发生垂直感染，公猪、肥育猪和母猪主要经呼吸道、消化道或生殖道感染，初产母猪的感染多数是与带毒公猪配种时发生的。本病多发生于春、夏季节或母猪产仔和交配时。

三、临床症状

初产母猪出现繁殖障碍，如流产、死胎、木乃伊胎及产后久配不孕等。其他猪感染后不表现明显的临床症状。在妊娠30~50天时感染，胚胎死亡或被吸收，使母猪不孕和不规则地反复发情，妊娠50~60天时感染，胎儿死亡后，形成木乃伊胎，妊娠后期60~70天以上的胎儿有自体免疫能力，能够抵抗病毒感染，则大多数胎儿能存活下来，但可长期带毒。

四、防治措施

(1)坚持自繁自养,防止带毒猪被引入无病猪场。

(2)初产母猪一般在9月龄以后配种,以使母猪提高主动免疫能力。

(3)患该病的母猪所产仔猪不能留作种用。

(4)后备母猪在配种前30天,肌肉注射猪细小病毒灭活疫苗2毫升,7天后再注射2毫升,15天后方可配种。

(5)对猪舍特别是繁殖猪舍必须彻底消毒和做好污物处理工作。

第四节 猪繁殖和呼吸综合征

猪繁殖和呼吸综合征是由猪繁殖与呼吸综合征病毒引起的一种急性、高度接触性传染病,其特征为流产、死胎、弱胎,哺乳仔猪、断奶仔猪呼吸困难。在发病过程中会出现短暂性的两耳皮肤发绀,故又称为"蓝耳病"。

一、病原特征

病原为猪繁殖与呼吸综合征病毒,有2个血清型。病猪的呼吸道及肺内均有病毒存在,从死胎、弱胎的血液、腹水、肺及脾脏等处均可分离到病毒。病毒耐冷冻,不耐热,对酸碱敏感。

二、流行病学

本病毒主要感染猪,不同品种、年龄、性别的猪均可感染，但以母猪、初生仔猪最易感。传染源为病猪和带毒猪（长期带毒状态）。本病传播迅速，主要经呼吸道感染。

三、临床症状

（一）母猪

多表现为高热（40～41℃）、精神沉郁、厌食、呼吸困难，少数母猪耳朵、乳头、外阴、腹部、尾部发绀，以耳尖最为常见。出现这些症状后，大量妊娠母猪流产或早产，产木乃伊胎、死胎和病弱仔猪，死产率可达80％～100％。

（二）仔猪

特别是未断乳仔猪死亡率可达80％以上。临床症状与日龄有关，早产的仔猪出生时或数天内死亡。大多数新生仔猪出现呼吸困难、肌肉震颤、后躯麻痹、共济失调、打喷嚏、嗜睡、精神沉郁、食欲不振。断奶仔猪感染后大多出现呼吸困难。

四、病理变化

典型病例主要表现为血液稀薄呈水样，淋巴结出血，肺水肿、充血、出血，肾肿大，有小出血点，肝肿大呈黄褐色，肠黏膜出血，肠系膜淋巴结水肿。流产胎儿及弱仔剖检可见头部、皮下水肿，胸腔内积有大量清亮液体。

五、诊断要点

应注意与猪伪狂犬病、猪细小病毒病、乙脑、附红细胞体病及衣原体病的鉴别诊断。

六、防治措施

(一)平时的预防措施

(1)坚持自繁自养，不从疫区和有该病的猪场引种。

(2)免疫接种

①后备母猪配种前2～3周免疫1次。

②仔猪可在18～21日龄母源抗体消失前进行免疫，也可以采用国外流行的二次免疫法，即断奶前和断奶后各免疫1次。

(3)灭活疫苗的免疫程序

①"6/60"程序：母猪产后6天和配种后60天用灭活苗肌肉注射。

②人工授精的猪场，公猪在人群后接种1头份灭活疫苗，以后每季度加强免疫一次。

(二)发病时的措施

(1)一旦猪场发病，要尽快将病猪隔离治疗。

(2)对症治疗，如退热、缓解呼吸困难等。

(3)用抗生素防止继发感染，可以选用广谱抗生素。

第五节　猪流行性乙型脑炎

本病又称日本乙型脑炎(乙脑)，是由日本脑炎病毒引起的一种人畜共患传染病，其特征为流产、死胎和睾丸炎，其他家畜和家禽大多呈隐性感染。

一、病原特征

乙脑病毒属于黄病毒科，黄病毒属，耐低温和干燥，对各种消毒剂敏感。

二、流行病学

病畜及带毒动物为主要传染源，常见家禽、家畜均易感。吸血昆虫的叮咬可传播本病。本病有严格季节性，主要在夏末秋初，7～9月为高发季节。

三、临床症状

突然发病，体温稽留热。粪便干燥呈球形，表面常附有灰黄色或灰白色的黏液，尿呈深黄色。妊娠母猪流产或早产，胎儿多是死胎或木乃伊胎且大小不等，流产后母猪症状很快减轻。种公猪发热，睾丸肿胀（多为一侧性）。

四、诊断要点

注意与猪布氏杆菌病、猪细小病毒感染、猪伪狂犬病进行鉴别诊断。

五、防治措施

（一）预防

（1）防蚊灭蚊，注意环境卫生，消除蚊子的滋生场所，建立科学的消毒制度。

（2）乙脑流行前1～2个月接种乙脑弱毒苗，皮下或肌肉注射1毫升，可有效防治母猪流产和公猪睾丸肿胀。

（二）治疗

本病目前尚无特效药物治疗，可用抗菌药物等对症治疗，以缩短病情和防止继发感染。

第六节　猪球虫病

猪球虫病多见于仔猪，是由等孢球虫寄生于猪肠道所引起消化道疾病。主要表现为仔猪下痢和增重缓慢。

一、病原特征

引起猪球虫病的病原有很多种，但由猪等孢球虫引起的新生仔猪球虫病是最主要的。

二、流行病学

本病只见于仔猪，常发生于 7～21 日龄的仔猪，一般情况下死亡率不高，但有时可达 75％，尤其在温暖潮湿季节多发。成年猪感染时多呈良性经过，是本病的传染源。

三、临床症状

病猪消瘦及发育受阻，腹泻可持续 4～6 天，粪便呈黄色至白色，水样或糊状，偶尔由于潜血而呈棕色。

四、病理变化

尸体剖检的特征性变化是急性肠炎，局限于空肠和回肠，炎症反应较轻，仅黏膜出现颗粒化，有的可见整个黏膜的严重坏死性肠炎。

五、诊断要点

粪便检查或小肠黏膜涂片检查发现虫卵即可确诊。

球虫病需区别于轮状病毒感染、地方性传染性胃肠炎、大肠杆菌病、梭菌性肠炎和类圆线虫病。由于这些病可能与球虫病同时发生，因此也要进行上述疾病的鉴别诊断。

六、防治措施

(一)预防

(1)除去环境中的球虫卵囊和避免卵囊污染猪舍是防治本病的关键。由于一般的消毒药不能杀灭卵囊，所以，用甲醛熏蒸法消毒，或过氧乙酸喷雾法、加热火焰法消毒效果较好，对卵囊有很强的杀灭作用。

(2)母猪在分娩前一周和产后的哺乳期给予氨丙啉，剂量为25～65毫克/千克体重，拌料或混饮喂服，连用3～5天。

(二)治疗

(1)氨丙啉，15～40毫克/千克体重，混饲或混饮，1次/天，连用3～5天。

(2)磺胺二甲嘧啶，100毫克/千克体重，口服，1次/天，连用3～7天。

第七节　猪小袋纤毛虫病

猪小袋纤毛虫病是由小袋纤毛虫寄生于猪大肠内引起猪腹泻的一种寄生虫病。

一、流行特点

结肠小袋纤毛虫的滋养体在宿主肠道内以横二分裂法

增殖，并形成包囊，随粪便排出，猪吞食了被包囊污染的饲料和饮水而感染。感染宿主除人、猪外，还有牛、羊、猴、鼠等，但家畜中以猪感染率最高，且多见于仔猪。多发生于冬春季节，常见于饲养管理较差的猪场，呈地方流行性。

二、临床症状与病变

潜伏期 5～16 天。临床上主要发生于仔猪，往往在断乳后抵抗力下降时发病。表现腹泻，粪便为泥状，混有黏液及血液，有恶臭味，严重者引起仔猪死亡。急性型多突然发病，2～3 天内引起死亡，慢性型可持续数周至数月。剖检可见大肠黏膜溃疡（主要在结肠，其次在盲肠和直肠），并可见有虫体存在。

三、诊断要点

粪便中查出滋养体或包囊可确诊。急性病例多见滋养体，慢性病例多见包囊。也可刮取肠黏膜做涂片检查。

四、防治措施

（一）预防

搞好猪场环境卫生和消毒工作，改善饲养管理，管理好粪便，保持饲料和饮水的清洁卫生。

（二）治疗

口服甲硝唑（灭滴灵），8～10 毫克/千克体重，3 次/天，连用 5～7 天。

第八节　猪肺丝虫病

猪肺丝虫病又称猪后圆线虫病，是由后圆科后圆属的线虫引起的一种寄生虫病，寄生于猪的支气管、细支气管及肺的膈叶，引起猪的慢性支气管炎和支气管肺炎，导致患猪消瘦，发育受阻，甚至死亡。

一、病原特征

虫体呈丝线状，乳白色或淡黄色。虫卵呈椭圆形，外膜稍显粗糙，卵内含有卷曲的幼虫。

二、流行病学

猪肺丝虫病的主要感染来源是病猪和带虫猪。虫卵有较厚的卵壳，对外界不良因素有较强的抵抗力。猪一般在夏季最易感染，冬春次之，多发生于6～12月龄的猪。

三、临床症状

轻度感染时，临床症状不明显，严重感染的仔猪通常呈现消瘦、慢性贫血、营养不良和强烈的阵发性咳嗽。患猪的咳嗽一般在运动或采食后，特别在早、晚时激烈，腰背拱起，嘴触地，连续咳嗽。病初尚有食欲，后来食欲减退或废绝，精神沉郁，极度消瘦，呼吸困难急促，最终死亡。成年猪一般寄生的虫体数量较少，多数无明显症状。

四、病理变化

肺脏表面可见灰白色、有隆起呈肌肉样硬变的病灶。

将肺切开，从支气管内流出黏稠分泌物和白色丝状虫体，有的肺小叶因支气管管腔堵塞发生局限性肺气肿，部分支气管扩张。

五、防治措施

（一）预防

（1）定期驱虫在猪肺虫病流行地区，每年春、秋两季应在普检的基础上对仔猪和带虫成年猪进行定期驱虫。

（2）粪便处理猪舍和运动场的粪便要经常清扫，把清除的粪便运到离猪舍距离远的地方，堆积起来进行生物热发酵，以便杀灭虫卵。

（3）加强饲养管理营养良好的仔猪甚至能耐过较重的感染而不受影响。因此要注意用全价饲料饲养，提高机体的抵抗力。

（二）治疗

（1）左旋咪唑，10 毫克/千克体重，混于饲料中 1 次喂服。

（2）伊维菌素，0.33 毫克/千克体重，皮下注射。

第九节　猪弓形体病

猪弓形体病是由弓形体寄生于猪的细胞内而引起的一种寄生虫病，主要表现为发热、呼吸困难、腹泻、皮肤出现红斑，妊娠母猪表现流产或弱胎及死胎等症状。

一、流行病学

当人和动物摄食含有包囊或滋养体的肉食和被感染性

卵囊污染的食物、饲草、饮水即可感染，滋养体还可经口腔、鼻腔、呼吸道黏膜、眼结膜和皮肤感染，母体还可通过胎盘感染胎儿，各种年龄的猪均易感。

二、临床症状与病理变化

许多猪对弓形体都有一定的耐受力，故感染后多不表现临床症状，在组织内形成包囊后转为隐性感染。

弓形体病主要引起神经、呼吸及消化系统的症状。急性猪弓形体病的潜伏期为 3～7 天，病初体温升高，可达 42℃以上，呈稽留热，一般保持 3～7 天，精神迟钝，食欲减少，甚至废绝。便秘或拉稀，粪便有时带有黏液和血液。呼吸急促，可达 60～80 次/分钟，咳嗽。皮肤有紫斑，体表淋巴结肿胀。妊娠母猪还可发生流产或死胎。耐过急性期后，病猪体温下降，食欲逐渐恢复，但生长缓慢，成为"僵猪"，并长期带虫。

全身淋巴结肿大，切面多汁有灰黄色坏死灶和出血点。肺间质水肿，肝有出血点和坏死灶，脾肿大。胸腔、腹腔及心包有积液。

三、防治措施

（一）预防

（1）定期对种猪场进行流行病学监测，用血清学检查，对感染猪隔离，或有计划淘汰，以清除传染源。

（2）饲养场内灭鼠、禁止养猫，被猫食或猫粪污染的地方可用热水或 7％氨水消毒。

（3）保持猪舍内卫生，及时清除粪便并发酵处理。猪场定期消毒。

（二）治疗

（1）磺胺嘧啶，70毫克/千克体重，二甲氧苄氨嘧啶14毫克/千克体重，2次/天，配合口服，连用3～5天。

（2）磺胺-6-甲氧嘧啶，60～100毫克/千克体重，肌肉注射，连用3～4天。

第十节　猪应激综合征

猪应激综合征是猪遭受不良因素的刺激而产生一系列非特异性的应答反应。死亡或屠宰后的猪肉触摸柔软、眼观苍白及有水分渗出，此猪肉俗称白猪肉或水猪肉，其肉质低劣，营养性及适口性均较差。

一、发病原因

猪应激综合征常常是由外界应激因素激发引起的。该病与体型和血型有关。应激敏感猪多数是体矮、腿短、肌肉丰满、臀部圆的猪。杂交猪和某些瘦肉型纯种猪如长白猪、皮特兰猪发生较多。

二、临床症状

最初表现为肌纤维颤动，特别是尾部表现明显，肌颤可发展为肌僵硬，使猪运动困难。白皮猪皮肤苍白、潮红交替出现，继之发展成发绀。心跳加快，体温迅速升高，如不及时治疗，多数病猪可在20～90分钟内死亡，临死前可达45℃，死后迅速尸僵，肌肉温度较高。

三、病理变化

因本病死亡或急宰的猪中，有60%～70%呈现肌肉苍白、柔软、渗出水分增多，即 PSE 肉。反复发作而死亡的病猪，在腿肌和背肌出现深色而干硬的猪肉。

四、防治措施

（一）预防

尽量减少应激因素，注意改善饲养管理，猪舍避免高温、潮湿和拥挤。在收购、运输、调拨、贮存猪的过程中，要尽量减少各种不良刺激，避免惊吓。肥育猪运到屠宰场，应让其充分休息，体温稳定后屠宰。屠宰过程和胴体冷却要快，以防产生劣质的 PSE 肉。

（二）治疗

猪群中如发现本病的早期征候，应立即移出应激环境，给予安静的环境休息，用凉水淋浴皮肤，症状不严重者多可自愈。对皮肤黏膜已发绀、肌肉已僵硬的重症病猪，则必须应用镇静剂、皮质激素、抗应激药以及抗酸药物。也可选用维生素 C、亚硒酸钠维生素 E 合剂、盐酸苯海拉明、水杨酸钠等。

第七章　养殖场疫病防控基本制度

第一节　动物防疫的概述

一、动物防疫

动物防疫是指动物疫病的预防、控制、扑灭，和动物、动物产品的检疫。主要采取措施包括：通过畜禽免疫、防治、监测、检疫等综合性防治措施，消灭传染源、切断传染途径、增强畜禽抵抗力、保护易感畜禽；同时也包括一旦疫情发生时，果断采取封锁、隔离、扑杀、销毁、消毒和紧急免疫接种等强制性综合防治措施，尽可能将疫病控制在最小范围内，降低畜禽疫病的发病率和死亡率，并严格防止畜禽疫病和人畜共患病的发生与传播。最终达到迅速扑灭疫病、保护畜禽群体健康、保障人民的身体健康的目的。

畜禽养殖场防疫要始终贯彻"预防为主"的基本方针，坚持自繁自养，落实预防接种、免疫监测、环境卫生、消毒、除虫、封锁隔离、饲养管理等综合性防疫措施，以提高畜禽的健康水平和抗病能力。

畜禽养殖场防疫包括平时的预防措施和发生疫病时的扑灭措施。

平时的预防措施包括以下几个方面：一是要坚持自繁自养的原则，防止疫病的传入；二是科学的饲养管理，增强畜禽自身的抗病能力；三是制定合理的免疫程序，并切实予以执行；四是制定完善的卫生消毒制度，消灭有害微生物；五是搞好环境卫生，杀虫、灭鼠，切断可能传染的途径；六是做好畜禽粪便等废弃物无害化处理；七是合理使用药物，严格执行休药期；八是配合主管部门做好畜禽检疫和疫病监测，及时发现和消灭传染源，按照监测计划进行疫病监测、疫情分析、疫病报告、疫情预报，有计划地进行疫病的控制、扑灭和净化工作。

一旦发生疫病或怀疑发生疫病时，养殖场须初步判定为何种疫病，属于一般疫病、重大疫病、烈性传染病的哪一类，依据《中华人民共和国动物防疫法》等相关法律法规，及时采取相应的措施。任何单位和个人，均不得瞒报、谎报或者阻碍他人报告动物疫情。按规定，动物疫情须由县级以上人民政府兽医主管部门认定；其中，重大动物疫情由省、自治区、直辖市人民政府兽医主管部门认定，必要时报国务院兽医主管部门认定。

当确诊为一般动物疫病时，应在当地动物疫病预防控制机构的监督指导下，采取隔离、治疗、免疫预防、消毒、无害化处理等综合防治措施，及时控制和扑灭疫情。

当确诊为重大动物疫病时，须由县级以上地方人民政府根据需要，启动相应级别的应急预案、组织有关部门采取强制性的防控措施，养殖场应积极配合当地动物疫病预防控制机构及有关部门，按照国家有关规定实施隔离、封锁、扑杀、消毒、无害化处理和紧急免疫等措施，迅速控制、扑灭疫情。这里所说的重大动物疫情，是指如高致病性禽流感等发病率或者死亡率高的动物疫病突然发生，迅速传播，给养殖业生产安全造成严重威胁、危害，以及可能对公众身体健康与生命安全造成危害的情形，包括特别重大动物疫情。

当发现疑似烈性传染病时，应当积极配合动物疫病预防控制机构和动物卫生监督机构，严格按照国家《重大动物疫情应急条例》《突发重大动物疫情应急预案》等有关规定进行确诊和处置，严防疫情扩散。

当发生人畜共患传染病时，还应当服从当地卫生部门、动物防疫部门实行的防治措施，配合做好对有关密切接触者进行的医学观察等相关工作。

二、畜禽养殖场防疫计划的编制

当前，随着畜牧业生产逐渐向集约化和规模工厂化发展，畜禽疫病防治工作愈加重要。在大型畜禽养殖场中，畜禽密集，如果疫病预防措施不严引起疫情蔓延，必然导致重大损失。甚至某些本来不很严重的疾病，也会造成畜禽生长停滞、饲养期延长、饲料消耗增多、养殖成本增大等损失。

（一）畜禽养殖场防疫计划编制前的准备

首先需要了解所属区域的整体情况，熟悉本地区的地理、地形、植被、动物品种、数量、气候条件及气象学资料，了解本地区畜禽传染病以往流行情况，分析本地区有哪些有利于或不利于某些传染病发生和传播的自然因素及社会经济因素，充分考虑避免或利用这些因素的可能性。其次，要充分认识到环境卫生因素与畜群疫病的关系，制订切实可行的卫生防疫制度，杜绝传染源、切断传播途径。

第三，要考虑到自有兽医人员的力量及技术水平、器械设备等，还要充分依托当地基层动物防检队伍力量。第四，在各种防疫工作的时间安排上，必须充分考虑到季节性的生产活动，务使措施的实施和生产实际密切配合，避免互相冲突。

（二）中大型畜禽养殖场的防疫计划编制

畜禽养殖场防疫计划的主要内容包括：重大动物传染病与寄生虫病的预防、某些慢性传染病与寄生虫病的检疫及控制等。

编写计划时可以分成：基本情况、预防接种、免疫监测、畜禽检疫、疫情监测、兽医监督和兽医卫生管理措施，以及生物制品、兽药、兽医器械的贮备、耗损、补充计划，经费预算等部分。

第二节 免疫接种

（一）免疫接种的概念、分类与意义

1. 免疫接种的概念

免疫接种是给动物接种某些免疫制剂（菌苗、疫苗、类毒素及免疫血清），使动物个体和群体产生对传染病的特异性免疫力。

2. 免疫接种的意义

免疫接种能够使易感动物转化为非易感动物，从而防止疫病的发生与流行。由于免疫接种可以使动物产生针对相应病原体的特异性抵抗力，是一种特异性强、非常有效的防疫措施。又由于免疫接种与药物预防、消毒等措施相比，具有省人省力、节省经费等特点，是一种经济实用的防疫措施。因此，免疫接种是预防和治疗传染病的主要手段，也是使易感动物群转化为非易感动物群的唯一手段。在传染病的防治措施中，免疫接种具有关键性的作用。有计划有组织地进行免疫接种，是预防和控制畜禽疫病的重要措施之一。任何部门和单位，在兽医防疫工作中都必须重视免疫接种工作。

3. 免疫接种的分类

根据免疫接种的时机不同，可分为预防接种和紧急接种两类。

（1）预防接种。为了预防某些传染病的发生和流行，在经常发生某些传染病的地区，或有某些传染病潜在的地区，或受到邻近地区传染病威胁的地区，为了防患于未然，有计划有组织地按免疫程序给健康畜禽进行预防接种。预防接种通常使用疫苗、菌苗、类毒素等生物制剂作为抗原激发免疫。用于人工自动免疫的生物制剂统称为疫苗，包括用细菌、支原体、螺旋体等制成的菌苗，用病毒制成的疫苗和用细菌外毒素制成的类毒素。

根据所使用的免疫制剂的品种不同，接种方法不一样，有皮下注射、肌肉注射、皮肤刺种、口服、点眼、滴鼻、喷雾吸入等不同的免疫方法。接种后经一定时间（数天至3周），可获得半年至一年以上的免疫力。随着集约化畜牧业的发展，饲养畜禽数量显著增加，一部分疫病的预防接种，逐步由逐头预防转变为简便的饮水免疫和气雾免疫，如鸡新城疫疫苗（Lasota系等）的饮水免疫和气雾免疫，获得了良好的免疫效果，而且节省了人力。

做好预防接种工作应注意以下几个问题。

①预防接种应有周密的计划。预防接种应每年都要根据实际情况拟定当年的预防接种计划，首先对本地区近几年来曾发生过的动物传染病流行情况进行调查了解，然后有针对性地拟定年度预防接种计划，确定免疫制剂的种类和接种时间，按所制定的各种动物免疫程序进行免疫接种，争取做到100%免疫。使预防接种工作有的放矢、有章可循，真正落到实处。

有时也进行计划外的预防接种。例如输入或运出畜禽时，为了避免在运输途中或到达目的地后暴发某些传染病而进行的预防接种。一般可采用抗原主动免疫（接种疫苗、菌苗、类毒素等），若时间紧迫，也可用免疫血清进行抗体被动免疫，后者可立即产生免疫力，但维持时间仅半个月左右。

如果在某一地区过去从未发生过某种传染病，又没有从别处传进来的可能性时，也就没有必要进行该传染病的预防接种。

②实施计划免疫、制定合理的免疫程序。目前，由于动物的品种、数量、疫病的种类不同，预防接种具有一定的复杂性和艰巨性。必须根据我国的法律法规，结合当地的实际情况，进行科学的规划和认真的实施。对畜禽进行首次免疫（简称基础免疫）及随后适时的加强免疫，即重复免疫（简称复免）。以确保畜禽从出生到屠宰或淘汰全部获得可靠的免疫，使预防接种科学化、计划性和全年性，叫做计划免疫。反之，如果不搞计划免疫，必然出现漏免、错免和不必要的重复接种，影响到疫苗的预防效果。

计划免疫必须制定免疫程序，即对不同种类的畜禽，根据其常发的各种传染病的性质、流行病学、母源抗体水平、有关疫苗首次接种的要求以及免疫期长短等，制定该种畜禽从出生经青年到屠宰全过程，各种疫苗的首免日龄或月龄、复免的次数和接种时期等接种程序。免疫程序应根据本地区的实际疫情，结合疫苗的性能进行制定。

③接种前应做好准备工作。预防接种前，应对被接种的畜禽进行详细检查和调查了解，特别注意其健康与否、年龄大小、是否正在怀孕或泌乳，以及饲养条件的良好与否等。成年的、体质健壮或饲养管理条件较好的畜禽，接种后会产生较强的免疫力。反之，年幼的、体质弱的、有慢性病或饲养管理条件不好的畜禽，接种后产生的免疫力就差些，也可能引起较明显的接种反应。怀孕母畜，特别是临产前的母畜，在接种时由于驱赶、捕捉等影响或者由于疫苗所引起的反应，有时会导致流产或早产，或者可能影响胎儿发育；泌乳期的母畜或产蛋期的家禽预防接种后，有时会暂时减少产奶量或产蛋量，最好暂时不接种，对那些饲养条件不好的家禽，在进行预防接种的同时，应注意同步改善饲养管理条件。

接种前，应注意了解当地有无疫病流行，如发现疫情，应首先安排对该病的紧急防疫。如无特殊疫病流行，则按原计划进行定期预防接种。要提前准备疫苗、器材、消毒药品和其他必要的用具。接种时防疫人员要爱护畜禽，做到消毒认真，剂量、部位准确。接种后，应加强饲养管理，使机体产生较好的免疫力，减少接种后的反应。

④要注意预防接种后的反应。给畜禽预防接种后，要注意观察被接种动物的局部或全身反应（接种反应）。局部反应是接种局部出现一般的炎症变化（红、肿、热、痛）；

全身反应则呈现体温升高，精神不振，食欲减少，泌乳量降低，产蛋量减少等。这些反应一般属于正常现象，只要适当地休息和加强饲养管理，几天后就可以恢复。但如果反应严重，则应进行适当的对症治疗。通常可能出现以下几种类型的反应。

正常反应：是指因疫苗本身的特性而引起的反应，其性质与反应强度因疫苗制品不同而异，一般表现为短时间精神不好或食欲稍减等。这是由于这些制品本身就有一定的毒性(尽管是较弱的)，所以，接种后可引起畜禽一定程度的局部或全身反应。对此类反应一般可不做任何处理，会很快自行消退。

严重反应：这和正常反应在性质上没有区别，主要表现在反应程度较严重或反应动物头(只)数超过正常反应的比例。引起严重反应的原因可能是某批疫苗质量较差，或免疫方法不当等，对此类反应要密切监视，必要时进行适当处理。

合并症：指与正常反应性质不同的反应。主要指活疫苗接种后，因机体防御机能不全或遭到破坏时发生的全身感染和诱发潜伏感染。例如，同时接种的疫苗种类过多，容易造成应激或其他不良反应，影响正常免疫效果和生长发育。

(2)紧急接种。指在发生传染病时，为了迅速控制和扑灭疫病的流行，对疫区和受威胁区尚未发病的动物进行的应急性免疫接种。紧急接种从理论上讲应使用免疫血清，2周后再接种疫(菌)苗，即所谓共同接种较为安全有效。但因免疫血清量大、价格高、免疫期短，且在大批动物急需接种时常常供不应求，因此，在防疫中很少应用，有时只用于种畜场、良种场等。实践证明，在疫区和受威胁区有计划地使用某些疫（菌）苗进行紧急接种是可行而有效的。如在发生猪瘟、鸡新城疫和口蹄疫等急性传染病时，用相应疫苗进行紧急接种，可收到很好的效果。

在疫区用疫（菌）苗进行紧急接种时，必须对所有受到传染病威胁的畜禽，逐头逐只地进行详细的临床检查，逐头测温，只能对正常无病的畜禽进行紧急接种，对病畜禽及可能已受感染的潜伏期的病畜，不能接种疫（菌）苗，应立即隔离或扑杀。但应注意，在临床检查无症状的畜禽中可能混有一部分潜伏期患畜禽，这部分患畜禽在接种疫苗后不仅得不到保护，反而会促进其更快发病。因此，在紧急接种后一段时间内，畜禽发病反而有增加的可能。但由于这些急性传染病潜伏期较短，而疫苗接种后又能很快产生抵抗力，发病数不久即可下降，疫情会得到控制，多数畜禽得到保护，疫病流行很快停息。

在受威胁区进行紧急接种时，其划定的范围应根据疫病流行特点而定。如流行猛烈的口蹄疫等，在周围 5 000～10 000 米进行紧急接种，建立"免疫带"或"免疫屏障"，以包围疫区，防止扩散。紧急接种是综合防治措施的一个重要环节，必须与封锁、检疫、隔离、消毒等环节密切配合，才能取得较好的效果。

（二）免疫接种的方法

1. 经口免疫法

分饮水和喂饲两种方法。经口免疫应按畜禽头（只）数计算饮水量和采食量，停饮或停喂半天，然后按实际头（只）的 150%～200% 的水量或料量加入疫苗，以保证饮、喂疫苗时，每个畜禽个体都能饮用一定量的水或吃入一定量的料，得到充分免疫。此法目前广泛应用于集约化猪场和鸡场。该法省时、省力，适宜大群免疫，但每头（只）畜禽饮（吃）入的疫苗量，不能像其他免疫方法一样准确。另外，应注意疫苗要用冷水稀释，最好不要用城市自来水，如果必须用，则应储存一天再用，以减少氯离子对疫苗的影响。

2. 注射免疫法

注射免疫法常用的有皮下接种、皮内接种、肌肉接种、静脉接种等方法。

（1）皮下接种法。马、牛、羊在颈侧部位，猪在耳根后方，家禽在胸部、大腿内侧。皮下接种的优点是操作简单，吸收较皮内快，缺点是使用疫苗剂量多。大部分常用的疫苗和高免血清均可采用皮下注射。

（2）皮内接种法。马在颈侧、眼睑部；牛、羊除颈侧外，可在尾根或肩中央部位进行；猪在耳根后；鸡在肉髯部。用做皮内接种的疫苗，仅有羊痘弱毒疫苗、猪瘟结晶紫疫苗等少数制品，其他均属诊断液，如结核菌素、鼻疽菌素等。皮内接种的优点是使用药液少，同样的疫苗较皮下注射反应小，同量药液较皮下接种产生的免疫力高；缺点是操作麻烦，技术要求高。

（3）肌肉接种法。马、牛、猪、羊一律在臀部和颈部两部位，鸡可在胸肌和大腿内侧。肌肉接种的优点是药液吸收快，注射方法简便；缺点是在一个部位不能大量注射。臀部如注射位置不当，可能引起跛行。

（4）静脉接种法。马、牛、羊在颈静脉，猪、兔在耳静脉，鸡在翼下静脉，小白鼠在尾静脉。兽医生物药品中的免疫血清除了皮下和肌肉注射，均可静脉注射，特别是在紧急治疗传染病时。但是，疫苗、诊断液一般不做静脉注射。静脉接种的优点是可使用大剂量、奏效快，可及时抢救患畜禽；缺点是要求一定的设备和技术条件。此外，如为异种动物血清，可能引起过敏反应（血清病）。

3. 滴鼻、点眼免疫法

本法是使疫苗从呼吸道进入体内，将配制好的疫苗滴入鼻内或点入眼中的一种免疫方法，适宜雏鸡接种活毒疫苗时应用。本法的优点是产生的免疫力整齐、均匀，且节省疫苗；缺点是需要逐只接种，比较费时费力。

4. 气雾免疫法

此法是用压缩空气通过气雾发生器，将稀释的疫苗喷射出去，使疫苗形成直径 1～10 微米的雾化粒子，均匀地浮游在空气之中，通过呼吸道吸入肺内，以达到免疫接种的目的。此法省时、省力，适宜大群动物的免疫，但要加大疫苗用量 2～3 倍。同时应注意，有时会诱发畜禽呼吸道疾病。

（三）疫苗的种类、保存、运送和使用

1. 疫苗的种类

疫苗分为活疫苗和灭活疫苗两类。凡将特定细菌、病毒等微生物毒力致弱制成的疫苗称活疫苗；用物理或化学方法将其灭活后制成的疫苗称灭活疫苗。一般而言，接种活疫苗约经过 7 天，接种灭活疫苗约经过 14 天，动物才能产生主动免疫而具有免疫力。动物在预防接种后，能抵抗相应病原体而不受感染的期限称免疫期。

为节时省力，提高防疫效率，国内外已研制成功多种多价联合疫（菌）苗，如：猪瘟、猪丹毒、猪肺疫三联冻干苗，羊梭菌五联菌苗（羊快疫、猝疽、肠毒血症、黑疫和羔羊痢疾），鸡新城疫、传染性支气管炎联合疫苗，鸡新城疫、鸡痘联合疫苗等。

2. 疫苗的保存

各种疫苗应保存在低温、避光及干燥的场所。灭活疫苗（包括油乳苗）、免疫血清、类毒素等应保存在 $2\sim10\,^{\circ}\mathrm{C}$ 条件下，防止冻结。弱毒冻干疫苗，如鸡新城疫弱毒疫苗、猪瘟兔化弱毒疫苗等，应保存在 $-15\,^{\circ}\mathrm{C}$ 以下，冻结保存。

3. 疫苗的运送

各种疫苗要求包装完善，防止碰坏瓶子和瓶盖松动，导致活的弱毒病原体散播污染。运输途中要避免高温和日光直接照射，尽快送至保存地点或预防接种地点。冻干疫苗需低温冷藏运输，近距离运输最简单的方式也应放在装有冰块的广口保温瓶等容器运送，以免疫苗降低或丧失活性。

4. 疫苗的使用

要使疫苗接种后达到预期的目的，必须正确使用疫苗。使用疫苗应做到以下几点。

（1）疫苗用前检查。疫苗在使用前必须进行详细检查，存在下列情况之一则不能使用：一是没有瓶签或瓶鉴模糊不清或没有经过合格检查；二是过期失效；三是疫苗质量与说明书不符者，如色泽变化、发生沉淀、疫苗内有异物、发霉、有臭味；四是瓶塞不紧或玻璃破裂。经过检查，确实不能使用的疫苗应立即废弃，煮沸或予以深埋；如效价不清或保存时间较长，应重新测定效价后使用；使用后的玻璃瓶等包装不得乱丢，应按照无害化处理规程消毒或深埋。

（2）疫苗的稀释与稀释液配制。疫苗稀释时必须在无菌条件下操作，所用注射器、针头、瓶子等必须严格消毒。稀释液应用灭菌的蒸馏水（或无离子水）、生理盐水或专用的稀释液，疫苗与稀释液的量必须准确。活菌疫苗稀释时稀释液中不得含有抗生素。

（3）疫苗使用的注意事项

①参加免疫接种的工作人员应分工明确，并紧密配合，事先指定牵入动物的路线，注射过的动物立即牵出场外，以免重复或遗漏。

②工作人员需穿工作服及胶鞋，必要时戴口罩，工作前后均应洗手消毒，工作中必须保持手的清洁，禁止吸烟和吃食物。

③注射器、针头须经严格消毒后方可使用，注射时每头动物须更换一个针头。

④疫苗的瓶塞上应固定一个消毒过的针头，上盖酒精棉球。吸液时必须充分振荡疫苗，使其均匀混合。

⑤针筒排出溢出的药液，应吸积于酒精棉球上，并将其收集于专用瓶内，用过的酒精、碘酊棉球应放入专用瓶内，集中处理。

⑥活疫苗应随用随取，并限时用完。

⑦免疫接种时还应注意做好登记工作。

（四）影响免疫效果的因素

预防接种关系着免疫效果，而影响免疫效果的因素很多，不但与疫（菌）苗的种类、性质、接种途径、运输保存有关，而且也与动物的年龄、体况、饲养管理条件等因素有密切关系。比如：疫苗种类的影响。活疫（菌）苗接种剂量小、免疫力产生快、持续时间长，可产生分泌性抗体，易受母源抗体等体内原有抗体的影响，疫苗的保存时间短；灭活疫（菌）苗接种剂量大、免疫力产生慢、持续时间短，不产生分泌性抗体，不受体内原有抗体的影响，疫苗的保存时间较长。还有，动物年龄及体况的影响。给成年、体质健壮或饲养管理较好的动物接种，可产生较坚强的免疫力；而给幼年、体质弱、有慢性病或饲养管理卫生条件差的动物接种，产生的免疫力就差些，有时还可引起较严重的接种反应。疫（菌）苗由于生产、运输、保存不当，尤其活疫（菌）苗，可使其中的微生物大部分死亡，影响免疫效果。当同时给动物接种两种以上疫（菌）苗，或多价联合疫（菌）苗时，有时其中几种抗原成分产生的免疫反应，可能被另一种抗原性强的成分产生的免疫反应所掩盖，也可影响预防接种的效果。近期用过大量抗生素或磺胺类药物的动物，体内残存的药物可将接种的活菌苗的细菌杀死，也能影响免疫效果。总之，免疫反应是一个复杂的生物学过程，免疫效果受到多种因素的影响，了解影响免疫效果的因素，对于做好免疫工作，提高免疫效果具有重要的意义。

因此，通常情况下应注意避免的主要影响因素有以下几种：

（1）环境因素。当环境中存在大量的病原微生物时，使用再好的疫苗往往也难以达到最佳的免疫效果。例如，雏鸡1日龄接种鸡马立克氏病疫苗后，约经2周才能获得良好的免疫力，如果在2周内鸡舍消毒不严，环境中存在的鸡马立克病毒就可侵入到雏鸡体内，从而造成免疫力下降，甚至发生鸡马立克氏病。另外，环境卫生不良可造成动物机体抵抗力下降，也可影响免疫效果。

（2）母源抗体水平。新生动物可以从母体、初乳或卵黄（指禽类）中获得一定量的母源抗体，这些母源抗体对于防止疫病早期感染具有重要的意义。但是，如果当母源抗体水平较高时进行免疫接种，进入体内的疫苗抗原就可被高水平的母源抗体中和，从而使免疫效果下降，甚至使免疫失败。如在生产实际中，由母源抗体造成鸡新城疫、猪瘟等病免疫失败的现象经常发生。因此，在免疫接种时，一定要注意母源抗体对免疫效果的影响，通过抗体监测手段获得畜禽群中总体母源抗体的水平，当母源抗体水平下降到接近临界值时再进行免疫接种，可获得良好的免疫效果。

（3）免疫抑制性疾病。有一些疾病可以造成机体免疫系统的损伤，从而抑制免疫反应的产生。近年的研究已经证实，早期患有传染性法氏囊病的鸡群，由于法氏囊受到病毒的破坏，使鸡体内的 B 淋巴细胞减少，从而影响多种疫苗的免疫效果。鸡传染性贫血是一种新的免疫抑制病，感染此病的鸡群用多种疫苗免疫，均达不到预期的免疫效果。

（4）营养因素。畜禽发生严重的营养不良，特别是蛋白质缺乏，会影响免疫球蛋白的产生而影响免疫效果。近年来营养免疫学的研究表明，多种营养物质，如维生素 A、维生素 E、硒、锌等，都与机体的免疫功能有关。缺乏这些营养物质，可造成机体免疫功能下降，从而影响免疫效果。

（5）免疫方法失误。免疫方法失误是常见的影响免疫效果的因素。主要包括疫苗保存不当、疫苗稀释不当、免疫途径错误、免疫剂量不足等。只要按规定操作，就可克服由于免疫方法失误对免疫效果造成的影响。

（6）应激因素。密度过大、湿度过高、通风不良、严重的噪声、突然惊吓、突然换料等，均可对畜禽群造成不同程度的应激，从而使其在一段时间内抵抗力降低，而影响免疫效果。因此，免疫接种时应尽量避免产生应激因素。

（五）免疫效果的评价方法

免疫接种后须通过一定方法对免疫效果进行评价，以验证防疫效果。一般可采用以下几种方法。

（1）抗体监测。大部分疫苗接种动物后，可使动物产生特异性的抗体，通过抗体来发挥免疫保护作用。因此，通过监测动物接种疫苗后是否产生了抗体以及抗体水平的高低，可评价免疫接种的效果。

（2）细胞免疫检测。有些疫苗接种动物后，主要通过激发动物机体的细胞免疫功能来发挥预防疾病的作用。因此，这类疫苗接种动物后是否产生了免疫效果，可以通过细胞免疫检测的一些指标来衡量。

（3）攻毒保护试验。如无法进行免疫监测，可选用攻毒保护试验来评价免疫接种的效果。一般是从免疫动物中抽取一定数量的动物，用对应于疫苗的强毒性的病原微生物进行人工感染，若试验动物能很好地抵御强毒攻击，说明免疫效果良好。

（4）流行病学评价。可通过流行病学调查，用发病率、病死率、成活率、生长发育与生产性能等指标，与免疫接种前的或同期未免疫接种畜禽的相应指标进行对比，初步评价免疫接种效果。

（六）规模养殖场强制免疫程序示例

规模猪场强制免疫程序：

（1）口蹄疫免疫。用"O"型猪口蹄疫灭活疫苗，耳根后部肌肉注射，仔猪 28～35 日龄进行初免，免疫剂量 0.5 毫升/每头(体重在 10 千克以下)；间隔 1 个月后再进行一次加强免疫，1 毫升/每头(体重在 10～25 千克)；每隔 6 个月免疫一次，2 毫升/每头(体重在 25 千克以上)。

(2)猪瘟免疫。肌肉或皮下注射，25～30 日龄时进行初免，生理盐水稀释成 1 头份/毫升，注射 1 毫升/每头；60～70 日龄加强免疫一次，1 毫升/每头；以后每 4～6 个月免疫一次，1 毫升/每头。

(3)高致病性猪蓝耳病免疫。用猪繁殖与呼吸综合征灭活疫苗，耳后部肌肉注射，仔猪 21 日龄进行初免，免疫剂量 1 毫升/每头；间隔 28 日龄再进行一次加强免疫；母猪在配种前接种 4 毫升/每头；种公猪每隔 6 个月接种一次，4 毫升/每头。

规模牛场强制免疫程序：

(1)口蹄疫免疫。用口蹄疫 O 型－亚 I 型二价灭活疫苗，颈部或臀部肌肉注射，犊牛 90 日龄时进行初免，免疫剂量 1 毫升/头；1 个月后再进行一次加强免疫，免疫剂量 2 毫升/头；以后每隔 4 个月免疫一次，免疫剂量 2 毫升/头。

(2)布病免疫。犊牛 5 月龄时，开始口服布鲁氏菌病活疫苗(S_2 株)进行免疫，剂量 5 头份/头，以后每间隔 18 个月再进行一次免疫，剂量 5 头份/头。

规模羊场强制免疫程序：

(1)口蹄疫免疫。用口蹄疫 O 型－亚 I 型二价灭活疫苗，颈部或臀部肌肉注射，羔羊 28～35 日龄时进行初免，免疫剂量 1 毫升/头；1 个月后再进行一次加强免疫，以后每隔 6 个月免疫一次，免疫剂量 1 毫升/头。

(2)布病免疫。羊只不论年龄大小，用布鲁氏菌病活疫苗(S_2株)进行口服免疫，1头份/只，间隔1个月，再口服1次；以后每间隔18个月再进行一次免疫，剂量1头份/只。

规模蛋鸡场强制免疫程序：

(1)高致病性禽流感。7～14日龄，使用H5N1进行初免，胸部肌肉或颈部皮下注射0.3毫升/只；间隔3～4周及开产前分别加强免疫一次，0.5毫升/只；以后每间隔4～6个月免疫一次。

(2)鸡新城疫免疫。1日龄时，用新城疫弱毒活疫苗初免；7～14日龄，用新城疫弱毒活疫苗或灭活疫苗进行免疫；12周，用新城疫弱毒活疫苗或新城疫灭活苗强化免疫；17～18周，再用新城疫灭活苗免疫一次；开产后，根据免疫抗体检测情况进行疫苗免疫。

第三节　消　毒

(一)消毒的概念与分类

1. 消毒的概念

消毒是指应用物理的、化学的或生物学的方法，杀死物体表面或内部病原微生物的方法或措施。

消毒和灭菌是两个经常应用且易混淆的概念，灭菌的要求是杀死物体表面或内部所有的微生物，而消毒则要求杀死病原微生物，并不要求杀死全部微生物。消毒的目的是消灭被传染源散布于外界环境中的病原体，以切断传播途径，防止疫病蔓延。

疫病发生要有三个基本环节：传染源、传播途径、易感动物，消毒的主要目的就是杀灭传染源的病原体、切断疫病传播途径。在畜禽养殖中，有时没有疫病发生，但外界环境存在传染源，传染源会释放病原体，病原体就会通过空气、饲料、饮水等途径入侵易感畜禽，引起疫病发生。如果没有及时消毒、净化环境，环境中的病原体就会越积越多，达到一定程度时，就会引起疫病大发生。彻底规范的消毒是切断疫病传播途径、杀灭病原体的重要防范措施，也是最有效方法。消毒不同于治疗性药物的立竿见影，可能无法直接见到效果；有时候可能是因为消毒剂质量问题或消毒方法不当等情况，消毒也不能遏制畜禽生病和疫病蔓延。因此，有些养殖场由于认识不到位、或为了节省费用，不重视消毒，致使疾病预防中很重要的第一道关卡没有发挥应有的作用。

2. 消毒的分类

根据消毒的目的不同，可以将消毒分为 3 类，即预防性消毒、随时消毒和终末消毒。

(1)预防性消毒。是指一个地区或畜禽饲养场，平时经常性地进行以预防一般疫病发生为目的的消毒工作，包括平时饲养管理中对畜禽舍、场地、用具和饮水进行的定期消毒。

(2)随时消毒。随时消毒又叫紧急消毒或临时消毒。是指在发生畜禽疫病时，为了及时消灭刚从病畜禽体内排出的病原体而采取的消毒措施。消毒的对象包括病畜禽分泌物、排泄物污染和可能污染的一切场所、用具和物品。通常，病畜禽场所隔离期内应每天和随时进行消毒；在解除封锁前进行定期的多次消毒。

(3)终末消毒。在病畜禽解除隔离、痊愈或死亡后，或者在疫区解除封锁之前。为了消灭疫区内可能残留的病原体所进行的全面彻底的大消毒。

(二)常用消毒药的选择、配制和使用

1. 常用消毒药品的选择

理想的消毒药品应具备以下几个条件。

(1)杀菌性能好，作用迅速，对人畜无毒害作用，对金属、木材、塑料制品等无损坏作用。

(2)性质稳定、无易燃性和易爆性，不会因自然界存在有机物、蛋白质、渗出液等而影响杀菌效果。

(3)价格低廉、容易买到。应根据实际情况择优选用。

2. 常用消毒药品的配制

一般情况下，消毒药品的配制，都是将消毒药品加入到一定量的水中，制成水溶液后使用。配制消毒药品时应注意以下几个问题。

(1)药量、水量和药水比例应准确。配制消毒剂溶液时，要求药量、水量、药与水的比例都要准确。固态消毒剂要用比较精密的天平称量，液状消毒剂要用刻度精细的量筒或吸管量取。称好或量好后，先将消毒剂原粉或原液溶解在少量的水中，使其充分溶解后再与足量的水混合均匀。

(2)配制消毒药品的容器必须干净。配制消毒剂的容器必须刷洗干净，如果条件允许(配制量少、容器小)，需用煮沸法(100℃，经 15 分钟)或高压蒸气灭菌法(120℃，经 15 分钟)对容器消毒，防止消毒剂溶液被污染。在养殖场中大面积使用消毒剂溶液，配制消毒剂溶液的容器很大，无法加热消毒，为了最大限度地减少污染，使用的容器必须洗刷干净。更换旧的消毒剂溶液时，一定要把旧的消毒剂溶液全部弃掉，把容器彻底洗净（能加热消毒的要加热消毒），随后配制新消毒剂溶液。

（3）注意检查消毒药品的有效浓度。在配制消毒剂溶液前，要注意检查消毒剂的有效浓度。消毒剂保存时间过久，浓度会降低，严重的可能失效，配制时对这些问题应加以考虑。另外，目前市售的有些厂家生产的消毒剂有效浓度不够，配制时也要加以注意。否则，消毒剂浓度不足达不到预期的消毒目的。

（4）配制好的消毒药品不能久放。配制好的消毒剂溶液保存时间过长，浓度会降低或完全失效。因此，消毒剂最好现配现用，当次用不完时，应在尽可能短的时间内用完。

3. 兽医防疫中常用的消毒剂及其使用方法

（1）氢氧化钠（烧碱、苛性钠）。为白色或黄色的块状或粉末，常用浓度为 1%～4%，对细菌、病毒和芽胞都有强大的杀灭力。一般用 1%～2% 的热溶液对圈舍、地面、用具等消毒。本品有腐蚀性，消毒后应用清水冲洗。

（2）碳酸钠（纯碱）。常用 4% 的热溶液洗刷或浸泡衣物、用具、消毒车船和场地。

（3）10%～20% 的新鲜石灰乳。1 份生石灰（氧化钙）加 1 份水即制成熟石灰（氢氧化钙），然后用水配成 10%～20% 的混悬液，用于墙壁、圈栏、地面等的消毒。因熟石灰久置后吸收空气中二氧化碳变成碳酸钙而失去消毒作用，故应现配现用。生石灰粉也可用于阴湿地面、粪池周围等处消毒。

（4）草木灰水。草木灰是农作物秸秆或杂草经过完全燃烧后的灰。常用 30% 的浓度、配制时取 3 千克新鲜草木灰加水 10 千克煮沸 1 小时，取上清液趁热用于圈舍和地面的消毒，对病毒、细菌均有效。

（5）漂白粉。是一种应用较广的消毒剂，主要成分次氯酸钙，遇水后产生极不稳定的次氯酸，再离解产生氧原子和氯原子，通过氧化和氯化作用而产生杀菌作用。漂白粉的消毒作用与有效氯含量有关，其有效氯一般在 25%～36%。漂白粉很不稳定，有效成分易散失，即使保存于密闭干燥容器中，每月仍可损失 1%～3% 的有效氯。漂白粉有效氯含量在 16% 以下的不适宜作消毒用。漂白粉常用浓度为 5%～20%，其 5% 的溶液可杀死一般病原菌，10%～20% 的溶液可杀灭芽孢。一般用于畜禽圈舍、地面、水沟、粪便、水井、运输车辆等消毒。

（6）次氯酸钠。其杀菌作用与漂白粉基本相同，次氯酸钠在水中产生次氯酸，继而分解产生氧原子和氯原子，氧原子可迅速使细菌蛋白氧化变性，氯可直接作用于菌体蛋白使细菌变性失去活力。其具有渗透能力强、广谱高效的特点，可广泛应用于人畜医疗卫生防疫，如饮用水消毒、疫源地消毒、污水处理、畜禽养殖场消毒。根据不同消毒对象及物件，确定需配制消毒液中的有效氯含量。如环境消毒常用有效氯含量 0.05% 的溶液（相当于 500 毫克/千克），芽孢体、病毒及污染器材消毒 500～1000 毫克/千克，一般用具消毒常用 0.025% 的溶液（相当于 250 毫克/千克），消毒池、地面消毒 200～300 毫克/千克，载畜消毒、载禽消毒 200～1000 毫克/千克，手部消毒 50～100 毫克/千克。

制作方法。市售的次氯酸钠原液一般为 10%，市售"84"消毒液含次氯酸钠 5.5%～6.5%，有条件的也可自行制备。一是液碱氯化法：30% 以下氢氧化钠溶液，在 35℃

以下通入氯气进行反应，待反应溶液中次氯酸钠含量达到一定浓度时，制得次氯酸钠成品。二是次氯酸钠消毒液发生器电解食盐法，用次氯酸钠消毒液发生器，以食盐、水为原料，通电 20 分钟即可制成，浓度一般为 0.5% 或 1%。

次氯酸钠溶液不稳定、不宜久存，存在密封的玻璃罐内放在阴暗凉爽处，可贮存 1 年左右，使用时应现配现用；次氯酸钠消毒液能腐蚀金属和纤维织物，并有漂白作用；而且受水 pH 值的影响，高 pH 值影响其消毒效果。

（7）新洁尔灭、洗必泰、消毒净、度米芬（消毒宁）。均属季铵盐类阳离子表面活性消毒剂。新洁尔灭具有较强的去污和消毒作用，性质稳定，无刺激性、无腐蚀性，对多数革兰氏阳性菌和阴性菌均有杀灭作用，但对病毒、霉菌效果较差。上述四种消毒剂 0.1% 的水溶液，用于浸泡消毒各种器械（如金属器械需加 0.5% 的亚硝酸钠以防锈）、玻璃、搪瓷、橡胶制品及衣物等，除新洁尔灭液需浸泡 30 分钟外，其他 3 种浸泡 10 分钟即可达到消毒目的。使用该类消毒剂时，应注意避免与肥皂或碱类接触，以免降低消毒效力。

（8）过氧乙酸（过醋酸）。纯品为无色透明液体，易溶于水。市售成品有 40% 和 10% 两种规格。40% 的水溶液性状不稳定，加热（70℃ 以上）能引起爆炸，须密闭避光贮存于 3~4℃ 环境中，有效期半年。10% 的溶液则无此危险，但易分解，应现配现用。本品为强氧化剂，消毒效果好，能杀死细菌、真菌、芽孢和病毒，可用于金属制品和橡胶制品以外的各种物品消毒。常用 0.5% 的溶液消毒畜舍、地面、墙壁、饲槽等，用 5% 的溶液按 2.5 毫升/平方米，喷雾消毒实验室、无菌室等。

(9)氯胺(氯亚明)。为结晶粉末，易溶于水，含有效氯11%以上，性质稳定，在密闭条件下可以长期保存，消毒作用缓慢而持久。饮水消毒按 4 克/立方米的用量，圈舍及污染器具消毒时则用 0.5%～5%的水溶液。

(10)二氯异氰尿酸钠(优氯净)。为白色粉末，有味，杀菌力强，较稳定，含有效氯 62%～64%，是一种有机氯消毒剂。用于空气(喷雾)、排泄物、分泌物的消毒，常用其 3%的水溶液，若消毒饮水，则按 4 克/立方米的用量使用。

(11)农福(复方煤焦油酸溶液)。深褐色液体，主要成分为烷基苯磺酸(30%)，是一种新型、高效、广谱消毒剂。可杀灭细菌、病毒、霉菌等。用于畜禽圈舍及器具消毒，常用浓度为 1%～1.5%。

(12)菌毒敌(复合酚、农乐)。深红褐色液体，主要成分为酚(41%～49%)、醋酸(22%～26%)，易溶于水，是一种新型、高效、广谱消毒剂。可杀灭细菌、病毒、霉菌，对多种寄生虫也有杀灭作用。常用 0.35%～1%的水溶液对畜禽圈舍、笼具、场地、排泄物等消毒。施药一次，药效可维持 7 天。

(13)福尔马林。为含甲醛 37%～40%的水溶液，有很强的消毒作用。1%的水溶液可做畜体体表消毒；2%～4%的水溶液用于喷洒墙壁、地面等；圈舍、孵化器、种蛋等的熏蒸消毒时，常与高锰酸钾以 2∶1(福尔马林∶高锰酸钾)的比例使用。福尔马林用量视具体要求而定，一般为14～42 毫升/立方米。福尔马林对皮肤、黏膜有刺激作用，使用时应注意人畜安全。

(14)酒精、碘酊等。1%～2%的碘酊常用作皮肤消毒，碘甘油则经常用于黏膜的消毒。医用酒精（75％乙醇）常用于皮肤、工具、设备、容器的消毒，也用作碘酊消毒后的脱碘。

主要参考文献

［1］魏刚才. 快速养猪. 北京：机械工业出版社. 2010.

［2］李和平. 高效养猪与猪病防治. 北京：机械工业出版社. 2014.

［3］郭宗义，王金勇. 现代实用养猪技术大全. 北京：化学工业出版社. 2011.

［4］李铁坚. 节粮高效养猪新技术. 北京：中国农业出版社. 2012.

［5］边连全. 养猪. 北京：中国农业出版社. 2009.